기탄잘리,
나는 이기고 싶어

기탄잘리,
나는 이기고 싶어

과학으로 세상을 바꾸는 10대 소녀의 탐구 가이드

기탄잘리 라오 지음
조영학 옮김

동아시아
SCIENCE

멘토님, 선생님들께 감사합니다.
저를 믿어 주시고,
실패를 딛고 일어서는 법을 가르쳐 주셨습니다.

차례

찬사의 글 010

추천의 글 012

환영의 글 014

들어가는 글 016

— 이 책이 필요한 사람들 018   — 책을 읽는 방법 019

나의 여행 022

1부  발견하라

1장   과학과 공동체를 생각하기 040

혁신가가 되어야 하는 이유 041
이공계의 여성들 047

2장   혁신이란 무엇일까? 052

발명과 혁신의 차이 053
혁신 과정 5단계 055

2부 **해결하라**

3장 **1단계 — 관찰** 060

문제 찾기 061
문제 구체화하기 063
탐구 주제 선택하기 065
1단계 — 관찰 작업 일지 070

4장 **2단계 — 브레인스토밍** 072

사전 조사 072
아이디어 목록 만들기 074
아이디어 범주화하기 076
2단계 — 브레인스토밍 작업 일지 080

5장 **3단계 — 조사** 082

아이디어 점검하기 083
핵심 아이디어 도출하기 086
멘토와 전문가 찾기 090
탐구 일정표 작성하기 094
3단계 — 조사 작업 일지 097

6장　　**4단계 — 제작 099**

전통적 방법 vs 디자인씽킹 099

프로토타입 제작하기 104

특징 정하기 109

혁신을 도와주는 신기술 112

유용한 도구 120

공부 128

테스트하기 129

4단계 — 제작 작업 일지 133

7장　　**5단계 — 소통 136**

발표 기술 137

영상과 글 140

누구와 소통할 것인가 142

5단계 — 소통 작업 일지 146

8장　　**실패와 재시도 148**

모험 정신 150

3부 **실행하라**

9장 **홍보하기** 156

관계 맺기 157
소셜 미디어를 통한 전파 160

10장 **아이디어로 경쟁하기** 163

경쟁하는 이유 164
자금 확보하기 165
타인과 협업하기 167
팀원 정하기 170
팀의 발달 단계 172
대회 참여하기 173
마지막 스퍼트 177
시간 관리 179

● ● ● **글을 마치며** 183
강의 계획서 186
감사의 글 194

찬사의 글

이 책은 솔직하면서도 실용적이다. 스템STEM 혁신을 바탕으로
10대들이 어려움을 이겨 내고 더 큰 꿈을 꿀 수 있도록 도와준다.
기탄잘리는 열정적이고 대담하며 더없이 친절하다.
이 시대를 대표하는 혁신가로서 더 나은 미래를 향해 나아가고 있으며,
그 자체로 젊은 세대에게 이정표가 되어 줄 것이다.
— 파디스 사베티(하버드대학교 브로드연구소 교수)

기탄잘리는 놀라운 혁신가이자 미국을 대표하는 젊은 과학자로서
자신이 걸어온 길을 솔직 담백하게 이야기한다.
또한 현실 세계의 문제를 해결하고 변화시키는 방법을 알려 준다.
혁신가가 되어 세상을 더 멋지게 만들고 싶어 하는
모든 이에게 기탄잘리의 책을 권한다.
— 신디 모스(디스커버리 교육 · 글로벌 스템 부사장)

기탄잘리는 놀랍도록 명쾌하게 혁신 과정을 해부한다.
이 책에는 기탄잘리가 어릴 때부터 호기심을 키우며 전 세계
청소년들과 경쟁해 온 과정, 노하우, 정보 등이 모두 담겨 있다.
또한 어려움에 처했을 때 헤쳐 나가는 법까지 아낌없이 공유한다.
부디 많은 학생들이 이 책을 읽고 스스로 혁신할 수 있기를,
그리하여 세상을 더 낫게 만들기 위해 노력하기를!
― 타라 클로프스키(테크노베이션 창립자 겸 대표이사)

기탄잘리는 전 세계의 10대들에게 영감을 주고 힘을 북돋운다.
학생뿐만 아니라 교육자, 부모 누구나 창의적으로
생각하는 방법을 배울 수 있다. 이 책을 읽은 독자들이
미래의 문제를 창의적으로 해결하기를 기대한다.
― 칼리 클로스(슈퍼모델, 기업가, 코드위드클로시 창립자)

아이가 부모님의 손을 잡고 걸어갑니다. 눈에 보이는 모든 것이 신기한 듯 이리저리 손짓하며 묻습니다.

"엄마! 저 파란 건 뭐예요? 아빠! 이건 왜 그런 거예요?"

하지만 아이가 성장하면서 질문은 줄어듭니다. 어른들이 아이의 호기심을 이끌어 주지 못하니까요. 아이의 호기심과 끝없는 물음에 숨어 있는 비밀의 타래를 한 올 한 올 풀어 줄 수 있는 도서가 있다면 얼마나 좋을까요?

『기탄잘리, 나는 이기고 싶어』에는 호기심이 왕성했던 아이가 과학을 통해 세상의 변화를 이끌어 낸 과정이 담겨 있습니다. 주인공은 바로 2020년 《타임》이 최초의 '올해의 어린이'로 선정한 기탄잘리라오입니다.

기탄잘리는 자신의 경험을 바탕으로 과학 탐구 노하우를 알려 줍니다. 탄소나노튜브로 물속 납 성분을 감지하는 '테티스', 인공지능 기술로 사이버 폭력을 방지하는 앱 서비스 '카인들리' 등 과학기술을 통해 사람들을 돕고 문제를 해결했던 자신의 탐구 과정을 공유하고 소통합니다. 더 나아가 지구온난화, 기아 문제, 사이버 폭력 등 세상의 문제들을 10대의 손으로 해결하자는 당찬 의지를 보여 주지요.

이 책에는 탐구 일지, 대회 참여 등 실용적인 팁이 담겨 있어 독자들은 아이디어를 도출하고 조사·제작하여 세상에 보여 주기까지의 과정을 스스로 해낼 수 있습니다. 또한, 융합 사고력을 키워 주는 교육과정인 스템을 바탕으로 구성한 책이기 때문에 운동선수, 예술가를 꿈꾸는 청소년에게도 유익하지요. 왜 공부를 해야 하고, 왜 큰 꿈을 꾸어야 하는지 해답을 찾도록 도와줄 것입니다.

맛있는 음식엔 훌륭한 레시피가 있습니다. 이 책에는 과학적이고 혁신적인 방법으로 문제를 해결하는 레시피가 담겨 있습니다. 기탄잘리의 이야기를 본 많은 청소년들이 과학과 친구가 되어 인류의 행복을 위한 레시피를 만들어 낼 수 있으리라 믿습니다.

전국과학교사모임 대표 임병욱

환영의 글

안녕, 내 이름은 기탄잘리 라오야. 나는 학생인 동시에 변화를 만드는 혁신가로 활발히 활동하고 있어. 그러나 탐구를 처음 시작할 때만 해도, 나는 내가 어떤 일을 하는지, 왜 하는지 깊이 생각하지 않았어. 그러다 보니 문제를 분석하고 해결 방안을 고민하는 매 단계마다 어려움을 겪곤 했지. 문제, 아이디어, 해결 방안을 하나로 통일하고 싶어도 참고할 만한 자료를 찾을 수 없었어. 인터넷에 관련 자료가 있기는 해도 대부분 직접적인 과정과는 무관했고. 어디에도 이정표가 없으니 나는 매번 혼자 조사를 해야 했어. 다음에는 또 어떤 문제가 나타날까? 누구에게 조언을 구하지? 어디에 가야 멘토를 만나고, 전문가와 상담하고, 새로운 기술을 배울 수 있을까? 답답하고 막막할 때가 많았어.

나만 그렇게 느낀 게 아니었나 봐. 혁신 워크숍을 이끌면서 비슷한 질문을 많이 받았거든.

"학교에서 혁신을 시도하려면 어떻게 해야 해?"

"어떤 도전을 해야 기술적으로 발전할 수 있을까?"

"학교에서 배우지 않는 지식은 어떻게 배울 수 있어?"

"최선의 해결 방안을 알아내는 너만의 방법이 있어?"

"학교 친구들이 너를 어떻게 생각하니?"

"과학기술경진대회 같은 데서 우승한 아이들은 하나같이 자기가 어떻게 영감을 받았는지를 말하더라고. 하지만 우리는 영감보다 실질적인 과정을 알고 싶어."

"다들 학교에서 스펙 쌓을 생각만 하는데, 너는 대학과도 관련이 없는 일을 왜 그렇게 일찍 시작했어?"

"부모님은 어떻게 도와주셨니?"

"멘토와 교수님들한테 어떻게 연락한 거야?"

학생들은 질문하는 것에 그치지 않았어. 명확한 대답을 듣고 싶어 했고, 이왕이면 계속 참고할 수 있도록 글로 정리해 달라고 요청했지. 그래서 나는 학생들의 질문을 바탕으로 책을 쓰기로 했어. 『기탄잘리, 나는 이기고 싶어』의 목표는, 학생들의 질문에 대답하는 형식으로 혁신적인 해법을 찾아 나가는 거야. 이 책에는 내가 그동안 혁신 활동을 하면서 겪었던 경험, 직접 부딪치며 얻은 노하우, 유용하게 사용한 도구 같은 정보가 모두 담겨 있어. 젊고 호기심 많은 친구들이 이 책을 읽고 각자 자신의 미래를 꿈꾸게 되면 좋겠어.

자, 낯선 미래를 향해 모험을 떠날 준비가 되었니?

들어가는 글

"아이디어를 내 봐, 뭐든 좋아!"

누군가 이런 요구를 했다고 생각해 봐. 말은 쉽지만 막상 아이디어를 내려고 하면 대부분 허우적거리다 끝나게 마련이지. 작가가 언제나 글을 술술 쓰는 것이 아니듯이, 혁신가도 생각의 벽에 부딪힐 때가 있어.

본격적으로 책을 시작하기 전에 내가 왜 혁신에 대해 이야기하려는지 밝히고 싶어. 혁신이라는 말은 여러분도 많이 들어 봤을 거야. 혁신은 한 가지로 규정할 수 없어. 기존의 것을 새롭게 바꾸기 위해서는 문제 해결력, 창의성, 신기술 같은 개념이 모두 필요해. 사전적으로 어떤 의미가 있든, 우리 사회를 더 낫게 만들기 위해 노력하는 행위라는 건 분명해. 혁신은 내가 책을 쓰게 된 동기이자, 우리가 함께 추구해야 할 가치이기도 하지.

'나는 어떤 문제를 해결하고 싶은 거지? 어떻게 해결 방안을 만들 수 있을까? 그런데…… 왜 아무 생각도 나지 않는담?'

막상 혁신적인 아이디어를 떠올리려고 하면 머릿속이 복잡할 거야. 우리가 혁신을 피하려고 하는 이유가 그 때문이기도 해. 괜찮은 아이디어를 내놓기까지 몇 주, 몇 개월, 어쩌면 몇 년이 걸릴 수 있어. 그러나 잊지 말아야 할 게 있다면, 그 역시 하나의 과정이라는 사실이야. 끝이 없어 보이지만 실은 혁신을 향해 조금씩 나아가고 있는 거야. 꾸준히 계속하다 보면 세계 기아, 지구온난화, 사이버 폭력 같은 거대한 문제까지 해결할 수 있겠지.

혁신적인 활동을 하고 싶은데 어떻게 해야 할지 몰라서 고민하고 있다면 내가 도움을 주고 싶어. 우리의 노력이 이 세상을 바꿀 수 있다고 믿으니까. 목표를 정하고 큰 그림을 그려 보자. 직접 만든 아이디어 제품을 손에 들고 있다고 상상해 봐. 세계 무대에서 그 제품을 인정받고, 변화를 이끄는 모습을 상상해 봐.

한마디 보태자면, 혁신 과정에 너무 부담을 갖지 말았으면 해. 혁신 과정의 기본자세는 긍정적인 마음가짐이야. 아무리 비가 거세게 내린다 해도 즐거운 소풍을 포기할 수는 없잖아. 긍정적인 마음만 있다면 세상의 어떤 것도 우리를 막지 못할 거야.

"나는 뭐든지 할 수 있어!"

한 번, 두 번 큰 소리로 외쳐 봐. 그러면 혁신으로 나아갈 준비가 끝난 거야. 앞으로 어떤 즐거운 일이 펼쳐질지 기대해도 좋아.

이 책이 필요한 사람들

우리는 혁신 과정을 거치며 유용한 정보를 얻고 경쟁에서 승리하는 법도 익히게 될 거야. 학생은 물론이고, 학생들을 혁신의 길로 이끌고자 하는 부모님과 선생님들에게도 좋은 가이드가 되리라 믿어.

가장 먼저, 학생들은 이 책을 통해 혁신적으로 사고하는 법을 배우고, 문제에 대한 인식을 넓힐 수 있어. 특히 책에서 소개하는 '혁신 과정 5단계'는 탐구 프로젝트를 진행할 때 참고하면 좋고, 과제를 수행할 때도 얼마든지 활용 가능해. 중간중간 덧붙인 팁을 보면서 방향을 가늠하면 좋을 거야. 여러분 가슴속에 열정의 불씨가 있다면, 이 기회를 빌려 불꽃을 피워 봤으면 해.

부모님과도 이 책을 함께 봤으면 좋겠어. 학업 성취에 도움이 되는 팁을 얻을 수 있거든. 아이디어를 내는 법부터 그것을 현실화하는 법, 과학기술경진대회에 참여하여 수상할 수 있는 노하우까지 알차게 담겨 있지. 또한 각 단계마다 10대 과학자들의 소개 글을 짧게 수록했으니, 자신감과 상상력을 키워 나갈 수 있을 거야.

선생님들을 위해서는 책 말미에 맞춤형 강의 계획을 수록했어. 학생들과 혁신 과정에 참여할 수 있도록 각 단계마다 작업 일지를 실었고, 여러 방면으로 활용할 수 있는 기술, 작업 도구 등을 자세히 소개하여 수업 시간에 흥미를 유도할 수 있도록 구성했어.

"말로 하면 잊고, 가르쳐야 기억하며, 참여할 때 비로소 배운다."

미국 건국에 앞장섰던 벤저민 프랭클린이 한 말이야. 미래에 혁신을 하고 싶은 학생들, 그리고 이를 위해 지원을 아끼지 않는 분들 모두에게 도움이 되고 싶어. 이 책을 통해 알차면서도 재미있는 경험을 하기 바라.

책을 읽는 방법

이 여행에는 놀라운 비밀이 하나 있어. 바로 읽는 이 마음대로 여행의 속도를 조절할 수 있다는 거야. 천천히 과정을 따라가도 좋고, 아이디어에서 시작해 해결 방안을 구체화하고 세상과 공유하기까지의 과정을 3개월 안에 완성할 수도 있어.

이 책은 크게 3개의 부로 구성되어 있어.

▶ **발견하라** : 혁신이란 과연 무엇인지 알아보고, 우리 사회에 혁신이 필요한 이유를 함께 살펴볼 거야.

▶ **해결하라** : 문제를 찾고 해결하기까지의 혁신 과정을 관찰, 브레인스토밍, 조사, 제작, 소통 5단계로 나누어 설명할 거야. 그동안 내가 활동하면서 깨달은 점과 실제로 사용했던 도구 같은 정보를 아낌없이 나눠 줄게. 각 단계가 끝날 때마다 작업 일지에 자신만의 과정을 기록하는 것을 잊지 마.

▶ **실행하라** : 타인을 도울 수 있어야 혁신도 의미가 있어. 우리의 아이

디어가 어떻게 사회에 보탬이 되는지 알아보자. 직접 문제를 해결하는 과정에서 깨달은 바를 널리 알리고, 대회와 경쟁에도 적극 참여해 봐. 참여는 사회의 관심을 끌어내고, 다른 젊은 혁신가들에게도 좋은 영향을 미치거든. 아이디어를 실천하고 친구들과 자극을 주고받다 보면, 이름을 널리 알리고 세상을 멋지게 바꿀 수 있어.

 유용한 팁을 나타내. 팁을 이용하면 혁신 과정을 순조롭게 항해할 수 있어.

 과학자의 스냅사진이야. 다른 젊은 과학자들이 어떤 방식으로 혁신해 나가는지 보여 줘.

 작업 일지를 통해 단계별로 나만의 혁신 과정을 기록해 봐.

자, 이제 펜을 들고 다음 칸에 오늘 날짜를 적어 봐.

오늘 : _____

이번에는 목표 종료 날짜를 적어 봐. 아이디어를 현실화해서 완성하고 싶은 날짜야.

목표일 : _____

이 책이 끝날 즈음 우리는 구체적인 목표를 정하게 될 거고, 그러면 다시 이 자리로 돌아오게 될 거야. 목표를 정한 것만으로 위대한 첫걸음인 셈이야. 처음의 각오를 잊지 말고 미래를 향해 나아가자.

책을 읽는 도중 조언과 아이디어를 더 얻고 싶다면 내 유튜브 채널 'Just STEM Stuff(스템의 이것저것)'나 블로그 gitanjali-jss. blogspot.com을 들러 줘.

자, 이제 정말로 출발해 볼까? 먼저 연필이나 펜을 꺼내고, 느긋하게 읽을 수 있는 공간을 찾아봐. 그리고 즐겁고 신나게 새로운 개념들을 익혀 나가길 바라. 혁신의 세계에 온 걸 환영해!

나의 여행

책을 시작하기 전에 내 이야기부터 들려줄게. 내가 어떤 일을 하는지, 그 일을 왜 하는지, 또 어떻게 하는지 같은 것들이야. 이 책을 쓰기까지의 과정이라고도 할 수 있지.

나를 간단히 소개하자면, 나는 과학을 열렬히 사랑하는 과학자이자 발명가야. 주변에 어떤 문제가 일어나면 어떻게든 해결하고 싶어서 아이디어를 마구 쏟아 내곤 하거든. 물론 시간을 아껴 탐구를 하고 또 해결책을 고민하지만, 나도 또래 친구들과 별로 다르지 않아. 빵 굽기, 걷기, 펜싱, 피아노 등등 취미도 아주 많아. 과학과 발명도 그중 하나라고 할 수 있지. 그쪽 분야를 중점적으로 공부하다 보면 관련 대회를 나갈 수도 있고, 상급 학교 진학에 필요한 경력을 쌓을 수도 있어. 이 책을 읽는 독자들도 과학기술을 재미있게 느꼈으면 좋겠어.

내 아이디어는 주로 일상에서 만들어져. 수영을 하거나 거실을 어슬렁거리다가, 심지어 냉장고에서 레모네이드를 꺼내다가도 번쩍 떠오르곤 해. 어떻게 그럴 수가 있느냐고? 그런데 혁신이라는 게 원래 그런 것 같아. 전혀 기대하지 않은 상황에서 일어나거든. 제일 좋아하는 아이디어도 그렇게 우연히 내게 왔어. 어느 날 학교를 마치고 집에 돌아와서 파스타를 먹는데 그 아이디어가 떠올랐지. 그 후 5년 동안 아이디어를 발전시켰고 지금은 완성 단계에 들어섰어. 말도 안 된다고? 정말 그럴지도 몰라. 그때 상황을 자세히 이야기해 볼게.

당시 나는 아홉 살이었어. 엄마, 아빠, 남동생과 함께 아빠가 만든 특제 파스타를 먹고 있었지. 맛이 정말 끝내줬지만 나는 레고 작품을 마무리할 생각에 서둘러 식사를 마치려고 했어. 귓가에는 여느 때처럼 텔레비전 뉴스가 흐르고 있었어. 우리 가족은 밥 먹을 때 소음이 어느 정도 있는 것을 좋아해서 항상 뉴스를 틀어 놓거든. 아무튼 포크로 파스타 면을 둘둘 말고 있는데, 갑자기 아나운서의 이야기가 귀에 들어왔어.

"미시간주 플린트에서 수질오염으로 인한 납중독 현상이 심각합니다."

그 말을 듣자마자 나는 고개를 돌려 텔레비전을 쳐다봤어. 나와 비슷한 나이의 친구들이 납중독 때문에 겪는 고통을 호소하고 있었어. 마음이 답답해져서 나는 부모님한테 여쭤보았어.

"저 애들이 왜 저렇게 고생하는 거예요?"

"깨끗한 식수가 부족해서 그래. 마시는 물에 납 성분이 많다지 뭐니.”

엄마가 걱정스러운 표정으로 말씀하셨어.

“납이 뭔데요?”

이번에는 아빠가 대답해 주셨어.

“원소주기율표에 있는 금속이야. 플린트시의 수도관이 오염되는 바람에 몸에 해로운 납이 식수에 녹아든 거란다.”

세상에, 말도 안 돼. 나 같은 아이들이 깨끗한 물을 마시지 못한다고? 나는 찬물을 홀짝이며 뉴스를 지켜보았어. 옆에서 동생이 조잘대고 있었지만 난 다시 물컵을 가리키며 엄마에게 여쭤보았어.

“그러니까 플린트에는, 지금 내가 마시는 이런 물에 납이 들어 있다는 이야기죠?”

엄마는 마지못해 그렇다고 대답하며 크게 숨을 내쉬었어.

나는 파스타를 마저 먹고 내 방으로 건너갔어. 세수를 하고 머리를 빗고 잠옷까지 갈아입었는데도 잘 수가 없었지. 플린트 사람들이 납 중독으로 고생하는 모습이 머릿속을 떠나지 않았거든. 물은 누구나 누려야 하는 기본적인 권리잖아. 선택 사항이 되어서는 안 돼. 다음 날 아침 눈을 떴을 때 나는 결심했어. 플린트의 수질 위기를 위해 뭐든 하자고. 하지만 아무리 생각해 봐도 뾰족한 방법이 없었어.

그때는 잘 몰랐지만 플린트에서 일어난 사건은 내 삶을 통째로 바꾸는 계기가 되었어. 1년 뒤 나는 MIT(매사추세츠공과대학교)에서 펴

내는 《테크놀로지 리뷰》의 웹 사이트를 몇 시간씩 검색하며 흥미로운 신기술과 아이디어를 찾아다니는 아이가 되어 있었거든. 법의학에서 우주과학까지 많은 것을 알게 되었지만 정작 내 눈을 사로잡은 것은 탄소나노튜브★ 기술이었지. 지금은 많이 알려져 있지만 당시만 해도 엄청 새로운 기술이었어. 그때는 공기 중에 떠다니는 음식물 부패 가스나 유해가스를 감지하는 데만 쓰이고 있었지. 무척 인상적인 내용이라 일기에 적어 두기는 했어도, 그 기술로 뭘 어떻게 할 수 있을지는 나도 잘 몰랐어. '탄소나노튜브가 가스 감지에 효과가 있다면, 물에서도 쓸 수 있지 않을까?' 하는 생각만 어렴풋이 들었지. 혹시나 도움이 될까 해서 아두이노^{Arduino}★, 3D 인쇄, 전력 같은 기술에 관한 자료도 찾아봤어. 하지만 여전히 막막했지. 이 기술들로 해결 방안을 만들어 낼 만한 또렷한 아이디어가 떠오르지 않았거든. 그렇지만 나는 수수께끼를 정말 풀고 싶었어.

일주일 동안 이것저것 읽고 생각하고 고민했지만, 탄소나노튜브에 관한 생각을 떨칠 수가 없었어. '탄소나노튜브가 단순히 가스 감지에

★ **탄소나노튜브** : 원통형 모양의 나노 구조를 지니는 탄소 물질이다. 어떤 식으로 결합하느냐에 따라 다양하게 활용될 수 있어 차세대 신소재로 주목받고 있다.

★ **아두이노** : 교육용으로 만든 입출력 및 중앙처리장치를 갖춘 기판으로, 간단한 명령을 수행하고 처리할 수 있다. 다양한 센서나 부품을 연결할 수 있어 기기에 익숙하지 않은 학생들도 손쉽게 다룰 수 있다.

만 효과가 있을까? 조금만 개선하면 물속에서도 비슷한 효과를 낼 수 있지 않을까?'

일단 나는 물속에서 사용이 가능하고, 오염 물질도 감지할 수 있는 것을 만들어 보기로 했어. 그러려면 물에 쉽게 녹는 분말 형태여야 할 것 같았어. 어디 한번 해보자는 생각에 나는 더 많은 자료를 찾아서 읽고 고민하며 아이디어를 마구마구 쏟아 냈어. 하지만 소원은 동화처럼 단번에 이루어지지 않았어. 또다시…… 막다른 골목에 다다른 거야.

두 달이 지나자 탄소나노튜브 감지기 아이디어가 서서히 윤곽을 갖추기 시작했어. 여기에서 두 달이란 매일매일, 하루 최소 세 시간을 애썼다는 뜻이야. 정말 힘겨운 나날이었지. 아이디어는 예전에도 수없이 많이 냈지만, 머릿속에 있던 것을 실제로 만들어 내는 일은 훨씬 더 어려웠거든.

재미있는 신기술도 몇 가지 결합해 보았어. 장치의 겉면은 3D 프린터로 만들고, 내부 시스템은 예전에 배웠던 아두이노를 활용했어. 시스템 자체는 전류와 저항을 기반으로 만든 것이었지만, 이렇게 결합을 하니 단순한 화학 단계를 넘어서 스템STEM★ 차원으로 진화한 셈이었지. 나는 무척이나 신이 났어.

하지만…… 결과물은 바람과 달랐어. 기껏해야 하얀 마분지 상자에 불과했거든. 휑한 뒷면에는 전선이 어지럽게 얽혀 있어서 정말 꼴불견이었지. 아이디어가 아무리 좋으면 뭘 하겠어? 제대로 만들 수 없는걸. 나는 무엇이 잘못되었는지 조언을 듣고 싶었어. 하지만 어디가서 가르침을 구해야 할지, 어느 단계에서 어떤 조언을 받아야 할지 막막했지. 그때 내가 활동하던 청소년 단체에서 스템을 담당하는 선생님이 디스커버리 교육과 3M사에서 공동으로 개최하는 청소년 과학기술경진대회를 추천해 주셨어. 나는 일단 대회에 아이디어를 제출해 보기로 결심했어. 아이디어를 현실로 만드는 방법에 대해 조언을 얻을 수 있을지도 모르잖아.

사실 나는 작년에 이 대회에서 다른 아이디어로 준우승을 한 적이

★ 스템 : 과학, 기술, 공학, 수학의 줄임 말로, 과학기술 기반의 융합적 사고력을 키우기 위한 교육과정이다.

있었어. 하지만 이번에는 자신이 없었지. 겨우 마감 이틀 전에 아이디어를 제출하러 갔는데, 다른 아이들은 대부분 과학박람회 입상처럼 화려한 경력을 자랑했거든. 커다란 벽보판에는 실험, 결과, 탐구보고서 같은 것들이 빼곡했어. 그런데 내 꼴 좀 봐. 꿈만 거창했지, 그럴싸한 결과는 아무것도 없잖아!

예선 결과가 나오려면 한참을 기다려야 했어. 하지만 나는 그럴 틈이 없었어. 사실 수상할 자신이 없어서 신경 쓰지 않으려고 한 것인지도 몰라. 어쨌든 나는 계속해서 수질오염에 대해 공부했어. 그러면서 꾸준히 코딩을 연습하고 3D 모델링도 배웠지. 다른 연구도 시작했어. 우주인은 무중력상태에서 양치질을 할 때 그냥 치약을 삼킬 수밖에 없다고 해서, 뭔가 다른 방법을 찾아보고 싶었지. 그러던 2017년 5월, 청소년 과학기술경진대회에서 걸려 온 전화를 받았어.

"학생이 상위 열 명에 뽑혀서 결선에 나가게 되었어요!"

난 잠시 멍하게 있다가 이윽고 환호성을 질렀어. 너무나도 기쁜 소식이잖아. 그 기분을 어떻게 말로 표현하겠어! 좋은 소식은 그뿐만이 아니었어. 여름 3개월 동안 3M사 연구원인 섀퍼 박사님을 멘토로 모시고 함께 일할 기회까지 얻게 되었거든. 하지만 문제가 있었어. 우리 가족이 테네시주 내슈빌에서 콜로라도주 론트리로 이사하기로 한 거야. 결선 준비를 해야 하는데 이사 때문에 눈코 뜰 새 없이 바빠졌으니, 이를 어쩌면 좋아?

나는 그해 여름 내내 도서관이나 자동차에서 생활하다시피 했어. 부동산에 집을 내놓자 집을 보러 오는 사람이 많아졌거든. 집에 있을 수 있는 시간은 하루에 두 시간 정도뿐이었고, 그때 섀퍼 박사님과 전화로 일정을 잡고 문제 해결 방안을 논의했어. 본격적으로 이사를 할 때는 호텔 여기저기를 전전해야 했지. 연구는 계속 이어 갔지만 안락한 집이 얼마나 그리웠는지 몰라. 가방 몇 개에 최소한의 물건만 넣고 다니며 살 수는 없으니까. 새집으로 옮기고 나서도 새 학교에 적응을 해야 해서 한동안 정신이 없었어.

이사를 하는 동안 혼란스럽기는 했지만, 오히려 그 덕분에 문제에 더 집중할 수 있었던 것 같아. 틈만 나면 수질오염 해결 방안을 찾으려고 했고, 새집에 들어가기 전까지 앉을 곳만 있으면 플린트 사람들이 어떤 고충을 겪고 있는지 기사를 찾아 읽었어. 그러면서 그 문제에 대해 더 깊이 이해하게 되었고, 납중독 문제에 대해서 더 많은 사람들에게 경각심을 불러일으키고 싶어졌어. 그래서 닥치는 대로 수질오염에 관한 자료를 읽고, 그 지역의 수자원 기관들을 찾아가기도 했지.

연구가 어느 정도 진행되자 본격적으로 기술을 접목시켜야겠다는 생각이 들었어. 그래서 나노 물질 생산업체에 연락해 보았지. 내 설명을 들은 담당자는 친절하게도 탄소나노튜브 견본을 주셨고 공장 견학까지 허락해 주셨어. 나는 여기서 그치지 않고 대학교 화학과 교수님들께도 쉴 새 없이 전화를 걸어 조언을 구했어. 이렇게까지 할수 있었던 이유는 단 하나, 진짜 결과물을 만들어 내기 위해서였어. 하지만 갈수록 걱정도 커졌어. 수질오염 문제로 고통받는 사람들을 정말로 도울 수 있을지 확신이 안 섰거든. 그래도 섀퍼 박사님의 말씀 덕분에 어느 정도 마음의 여유를 찾을 수 있었어.

"문제 해결에만 집중하자. 우리는 할 수 있어. 기탄잘리, 너는 할수 있어."

3개월 후, 나는 미네소타주 세인트폴로 떠났어. 아홉 명의 천재들과 사흘 동안 결선을 치르기 위해서였지. 떨리고 걱정도 됐지만 무엇보다 신이 났어.

공항에 도착했을 때 여러 감정이 밀려왔어. 3개월 만에 해결 방안을 찾고 결국 완성까지 하다니, 믿을 수 없을 만큼 뿌듯했어. 생각해보면 아이디어와 해결 방안을 내놓는 경험이 처음은 아니었어. 초등학교 2학년 때부터 호기심 가는 것을 발견할 때마다 아이디어를 내서 이것저것 만들어 보곤 했으니까. 예를 들면 우주왕복선과 우주정거장에서 쓸 수 있는 공간 절약형 접이식 의자나, 꽃가루 알레르기가 심해졌을 때는 정전기장을 이용한 여과 장치를 고안한 적이 있었어. 수중 레이저통신으로 사라진 비행기의 블랙박스를 찾아내는 기계나, 비대면 온도 기록법을 통해 뱀에 물린 사람들의 초기 증상을 진단하는 기계 모형을 만들어 보기도 했지.

그런 장치를 만들거나 문제 해결 방안을 찾는 일은 늘 즐거웠어. 하지만 여가 시간에 하는 방과 후 활동일 뿐, 특별하다고 생각한 적은 한 번도 없었어. 그런데 결선을 치르기 위해 공항에서 비행기 탑승을 기다리면서 비로소 깨닫게 되었어. 나는 늘 새로운 것을 찾아다녔다는 사실을. 그러니까 나는 벌써 몇 년째 '혁신'적인 활동을 해 왔던 거야. 이번 대회를 통해 처음으로 아이디어를 제대로 현실화할 수 있게 된 거고. 게다가 내 아이디어가 많은 사람들의 주목을 받게 되다니, 나 스스로가 너무나 자랑스러웠어. 준비를 모두 마쳤으니 이제는 대회를 맘껏 즐겨 보자고 생각했지.

대회장에 도착해 결선을 치르면서 나와 관심사가 비슷한 아이들을 만날 수 있었어. 온라인으로만 마주하던 섀퍼 박사님과도 실제로 만났지. 나는 심사 위원들을 비롯해 수많은 사람들 앞에서 내 아이디어를 발표했어. 무척 떨렸지만 내 생애 최고의 경험이었어. 나보다 나이가 많은 참가자들한테도 많은 걸 배웠지.

수상 결과를 발표하는 마지막 날이 다가왔어. 누가 1등을 할지는 알 수 없었지만, 내 아이디어가 결실을 맺었다는 것만으로도 충분히 기뻤어. 결과가 어떻게 나오든 나는 수질오염을 개선하기 위한 활동을 계속 이어 나갈 생각이었어. 오염 연구를 하면서 플린트 주민들과 한마음이 되었거든. 그리고 앞으로는 멘토들에게 더 당당하게 도움을 요청해야겠다고 생각했어. 겨우 열한 살이었지만 유명 과학자, 교수들과 대화하는 것이 무척 멋진 경험이라는 것을 알게 되었거든. 불과 4개월 전 섀퍼 박사님과 화상 통화를 할 때만 해도 가슴이 떨려서 '나 같은 꼬마한테 누가 신경이나 쓰겠어?'라고 생각했는데 말이야. 섀퍼 박사님 덕분에 체계적으로 작업하고, 목표 마감일을 설정하고, 연구에 집중하는 법 등을 배울 수 있었지. 하필 발표일 저녁에 박사님이 일정 때문에 다른 곳으로 떠나시게 되어서 너무 아쉬웠어.

결과 발표를 기다리는 동안 나는 그동안의 여정을 떠올려 보았어. 엄마, 아빠, 섀퍼 박사님 모두 나를 자랑스러워하셨어. 전문가들도 수년 동안 고민하는 주제를 나 같은 아이가 수많은 사람들 앞에서 발표했으니까. 물론 다른 참가자들의 아이디어와 발표, 계획도 정말 놀라웠어. 멋진 발표를 들으며 초조하기는커녕 즐겁기만 했지. 나는 의자에 앉아서 '다음엔 뭘 하지? 플린트에 가 볼까? 납 성분 수질 검사를 의무화하도록 법을 바꿀 수는 없을까? 상품화시키려면 누구의 도움이 필요하지?' 같은 생각을 했어.

연설과 설명이 이어지고 참가자 사이에서 긴장감이 돌기 시작했어. 1등 상을 발표할 때쯤엔 내 가슴도 콩닥거렸지. 그런데 놀랍게도…… 내 이름을 부르는 거였어.

"1등, 기탄잘리 라오!"

맙소사, 이런 경험은 난생처음이었어. 대회장에는 정말 많은 사람들이 있었고 나는 그저 얼떨떨하기만 했어. 간신히 정신을 차리고 무대 위로 올라가는데 어찌나 신기하던지. 내 삶을 완전히 바꿔 놓을 순간이었으니까.

걸어가는 동안 한 가지 생각이 또렷하게 떠올랐어. 바로 여기서 멈출 수 없다는 거였어. 지금까지의 내 방식이 옳았다는 게 입증된 셈이니, 앞으로 혁신적인 해결 방안을 더 많이 개발할 수 있지 않을까? 내 열정과 그 일을 시작할 장소만 있다면 몇 번이고 도전할 수 있다는 확신이 들었어. 그리고 이 모든 것을 기록하는 방법도 찾아야겠다고 생각했어. 그래야 내 혁신 과정을 다른 사람들과 공유할 테니까. 비록 어린 나이였지만 그때부터 나는 내 경험을 타인과 공유할 책임이 있다고 믿었어.

지금의 나는 그때보다 더 발전했어. 어떻게 혁신 활동을 시작하고, 무엇을 하고 또 하지 않을지 정확히 알고 있으니까. 쓸데없이 불안해하지 않고 혁신 활동을 해 나갈 자신도 있지.

지금까지 내 경험 위주로 이야기했지만, 사실 내 삶에서 부모님의 영향을 빼놓을 순 없어. 두 분은 혁신 여행 내내 나를 믿고 지지해 주셨지.

원래 나는 무척 수줍음이 많은 아이였어. 그런데 내가 네 살이 되던 해부터 엄마는 박물관 캠프 같은 낯선 곳에 나를 보내기 시작하셨지. 나보다 훨씬 나이가 많은 학생들을 만나야 하는 곳이니 얼마나 불편하겠어? 하루는 엄마가 과학 캠핑장 입구에 나를 데려다주시면서 이렇게 말씀하셨어.

"안전한 곳이 아니면 엄마가 데려오지도 않았을 거야."

나는 눈물을 머금고 캠프에 입소했어. 물론 활동을 시작하자마자 다른 사람들보다 더 신나게 뛰어다녔지만. 이런 일은 곧 내 일상이 되었어. 엄마는 다음에도 그다음에도 나를 낯선 곳에 보내셨고, 그러는 사이에 시야가 넓어지고 아는 것도 많아졌지.

엄마는 우리 학교에서 전국 과학기술경진대회에 나갈 친구들의 멘토를 맡아 도움을 주시곤 했어. 나는 초등학교 2학년 때 그 대회에 처음 참가했는데, 당시에 우리 팀이 내놓은 건 정말 기초적인 아이디어뿐이었어. 그래도 다음 해에는 웹 사이트를 만들고, 그다음 해에는 해결해야 할 문제와 대안을 동영상으로 기록했지. 그때는 몰랐지만 매년 그런 활동을 하면서 우리의 실력과 지식이 쑥쑥 자란 것 같아.

부모님은 어떤 것의 개념을 설명할 때 항상 재미 요소를 곁들이곤 하셨어. 내가 대여섯 살 때였어. 아빠는 '혁신 문제 은행'을 만든다며 즉흥적으로 문제를 내곤 하셨어. 그러면 나는 3분 내에 해결 방법을 고안해서 짧고 정확하게 설명을 해야 했지. 엄마가 주로 상대편 역할을 하시고 아빠가 심사 위원을 맡으셨어. 엄마와 내가 발표를 하면 아빠는 의사소통, 창의성, 기술, 사용자 경험 면에서 어땠는지 점수를 매기셨지. 주어진 시간은 3분밖에 없었지만 너무 재미있어서 끝날 때마다 항상 아쉬워하곤 했어. 승자는 언제나 나였고, 부상은 따뜻한 포옹과 아이스크림, 그리고 집에서 만든 상장 같은 것들이었어. 이 놀이는 가족 여행을 할 때도 즐겨 했고, 동생이 태어나고 지금까지 계속하고 있어. 나는 오랜 챔피언으로서 도전자인 동생과 겨루고 싶었지만, 챔피언 트로피는 결국 빼앗길 수밖에 없나 봐. 이제는 동생이 우승을 독차지하고, 엄마와 나 둘이서 2등 자리를 놓고 경쟁해. 심사 위원은 언제나 아빠 몫이고. 예전에는 단순한 놀이에 불과했는데, 문제를 풀고 해결 방법을 마련하는 것을 반복하다 보니 이 과정이 자연스럽게 내 습관으로 굳어진 것 같아.

내가 무늬나 모양이 있는 것에 흥미를 보이자 부모님은 도형을 이용해 수학 개념을 가르쳐 주셨어. 과학에서 암석이 나오면 실제로 여러 종류의 암석을 만지면서 배웠고, 내장 기관이 나오면 튜브에 붉은 젤리를 넣는 식으로 내용을 익혔어. 조동사를 배울 때는 동요에 맞춰 암기를 했지.

부모님은 동생한테도 비슷한 방법으로 공부를 가르치셔. 동생은 네 살인데 신화를 무척 좋아해. 그래서 부모님은 동생이 제일 좋아하는 신 가네샤를 보여 주면서 십진법을 가르쳐 주셨지.

"가네샤를 소수점이라고 생각해 봐. 여기에 10을 곱하면 가네샤가 오른쪽으로 가고, 1000분의 10을 곱하면 왼쪽으로 가는 거야. 이해 되니?"

기본 덧셈을 가르칠 때는 이집트 상형문자를, 연산 개념은 이집트

계급 구조를 예시로 들어서 알려 주셨어.

부모님은 언제나 우리한테 꿈을 크게 꾸라고 말씀하셨어. 내가 이 책을 쓰게 된 것도 그 덕분일 거야. 부모님은 업무에서 쓰는 도구와 장비를 아낌없이 빌려주셨는데, 그걸 통해 나는 어른들이 무슨 일을 어떻게 하는지 이해할 수 있었어. 협업의 의미와 타당성 조사를 하는 법, 사업 모델을 만드는 법 등을 알게 되었지. 부모님의 가르침을 따르면서 나는 그것들을 모두 내 것으로 만들었고, 더 나아가 혁신 과정에 응용하기 시작했어. 그래서 이 책에는 기관이나 기업에서 전문가들이 사용하는 도구에 관한 내용도 담겨 있어.

여기까지가 그동안 내가 걸어온 여정이야. 사람들의 관심을 받고 인터뷰를 하면서 시작된 이야기가 책으로 이어진 셈이지. 물론 나의 여행은 앞으로도 계속될 거야.

지금 나는 약물중독을 진단하는 장치인 '에피온'을 개발하고 있어. 사이버 폭력을 감지하고 예방하는 서비스인 '카인들리'의 개발도 진행 중이야. 둘 다 내게는 새로운 모험이 될 거고, 그 과정에서 많은 것을 보고 느끼고, 더 나아가 혁신을 실천하는 사람이 되고 싶어.

내 이야기를 읽고 많은 사람들이 자신만의 이야기를 써 보았으면 해. 혁신이 무엇인지 이야기하고, 사람들이 혁신에 관심을 가져야 하는 이유를 공유하면 정말 기쁠 거야. 다른 사람과 함께 겪었던 경험담을 풀어 내도 좋아. 혁신을 통해 승리의 기쁨을 얻는 방법을 생각해 보는 것도 좋겠지. 하지만 무엇보다 일상에서 부딪히는 문제를 어떻게 하면 우리 힘으로 바꿔 나갈 수 있을지 같이 논의하고 싶어. 자, 이제부터 다가올 미래를 준비하면서 '우리의 이야기'를 함께 그려 나가지 않을래?

다음 이야기

지금까지 이 책을 기획하게 된 계기에 대해서 이야기했어. 이제는 본격적으로 혁신 과정을 살펴보려고 해. 이해하기 쉽도록 크게 '발견하라', '해결하라', '실행하라' 세 부분으로 나누었어.

'발견하라'에서는 혁신의 역할과 필요성에 대해 알아볼 거야. 1장에서는 왜 우리가 큰 이상을 그려야 하고, 전 세계에서 겪는 고통을 해소하는 데 이바지해야 하는지 그 이유를 이야기하고 싶어. 2장 말미에는 혁신 과정 5단계를 간략하게 소개할 생각이야.

자, 이제 함께 여행을 떠나 보자.

마음이야말로 진정한 실험실이다.
우리는 마음속 환상을 걷어 내고 진리의 법칙을 밝힐 것이다.

— 자가디시 찬드라 보스

1부 발견하라

과학과 공동체를 생각하기

　"누구나 스스로 미래를 개척할 수 있다"라는 말을 들어 본 적 있니? 나는 아직 다른 사람에게 이 말을 자신 있게 하지는 못하지만, 경구 속에 담겨 있는 이키가이Ikigai의 정신만은 마음에 늘 품고 있어. 이키가이란 '삶의 이유'를 뜻하는 일본어야. 나는 전 세계의 다양한 생각들이 주는 문화적 충격을 좋아해. 그래서 이키가이를 더욱 공부해서 그 본질을 이해하고 싶었지. 내가 어떤 일을 좋아하는지, 무엇을 하고 싶은지, 어떤 것에 열정을 쏟을 수 있을지, 또한 내가 사는 이유가 무엇인지에 대해서 말이야.

　나만의 이키가이를 찾기는 쉽지 않았어. 처음에는 자리에 앉아서 내가 좋아하는 것들을 공책에 적어 보았어. 자전거 타기, 책 읽기, 친구들과 놀기, 빵 굽기……. 그런데 목록을 보니 뭔가 빠진 것 같은 느낌이 드는 거야. 독서와 요리로는 나를 충분히 설명하거나 표현하지 못하는 것 같았거든. 비유를 하자면 이 목록은 책 표지에 지나지 않았어. 내가 실제로 어떤 일을 하고, 어떻게 살아가며, 무엇을 원하는지는 책의 내용을 봐야 알 수 있는 거잖아? 그러던 어느 비 오는 화요일, 문득 깨닫게 된 거야. 나만의 이키가이를 찾는 일은 공책에 목록을 적는 것보다 훨씬 길고 어려운 여정이 될 것이라는 사실을.

내가 왜 이런 이야기를 꺼냈느냐 하면, 독자들이 자신에 대해 알기를 바라기 때문이야. 나를 특별하게, 나를 나답게 만드는 것이 무엇인지 알았으면 해. 그리고 살아가는 이유를 깨닫게 되면 좋겠어. 나는 3년 동안 노력한 끝에 겨우 나만의 이키가이를 찾을 수 있었어. 나는 혁신가가 되어 아이디어를 발전시키고, 과학을 통해 전 세계적인 변화를 이끌고 싶어. 그리고 젊음의 힘을 최대한 활용해서 혁신을 향해 멀리, 더 멀리 뻗어 나가고 싶어. 그러려면 먼저 혁신에 대해 이야기해야 할 것 같아.

혁신가가 되어야 하는 이유

사람들에게 종종 이런 이야기를 해. 우리는 혁신을 해야 하고, 문제에 대한 답을 찾아야 한다고. 왜 그래야 하느냐고? 지금 우리가 사는 세상에는 50년 전만 해도 존재하지 않았던 문제들이 아주 많기 때문이야. 지구온난화, 기후변화, 청소년 우울증, 천연자원의 고갈, 폭발적인 인구 증가, 팬데믹, 인터넷 보안, 장거리 우주여행, 사이버 폭력 등이 일상이 되다시피 했지. 아니, 이것도 아주 일부일 뿐이야. 파고들다 보면 또 다른 문제들이 기다리고 있으니까.

이 책도 코로나19 팬데믹 상황에서 쓰였어. 전 세계적인 전염병 상황이 쉽게 끝날 거라고 생각하는 사람은 없을 거야. 우리는 코로나 시대 이전으로 돌아가기 힘들 것 같아. 지금껏 당연하게 해 왔던 것들, 그러니까 학교에 가고 친구들과 놀고 쇼핑하던 일들이 더 이상 일상이 아닌 시대가 되었으니까. 이러한 상황에서 내 머릿속에는 수많은 의문이 떠올랐어. 백신을 더 빨리 맞을 방법은 없을까? 감염자와 접촉한 사람을 추적하거나 자가 격리를 하는 것보다 더 나은 방법은 없을까? 값싸고 우수한 나노 필터나 미세 플라스틱 조각을 이용해서 바이러스를 더 효과적으로 차단할 수는 없을까?

이렇게 쌓여 있는 문제들을 해결하려면 우리 세대가 노력해야 해. 완벽한 해결 방안을 내기는 어렵겠지. 하지만 적어도 무엇이 문제인지, 어떻게 도움을 줄 수 있을지, 어떻게 사람들에게 알리고 적절한 조치를 취할 것인지 고민해야 해. 다행인지 불행인지, 우리 주변에는 해결해야 할 문제가 아주 많아.

내가 물속의 납 함유량을 감지하는 휴대용 탐지기, '테티스'를 만들 때의 이야기를 들려줄게. 그 전까지 미국 대부분의 주에서 식수의 납 함유량을 검사하는 것은 법적인 의무가 아니었어. 그러나 내가 식수 오염 문제를 알게 되고, 그 이야기를 하는 것만으로도 변화를 일으킬 수 있었지. 테티스가 방송을 타고 널리 알려진 후 아주 많은 것들이 변했어. 인도, 브라질 등 여러 나라의 대학과 기업이 환경보호를 위해 나노 연구에 투자를 하기 시작한 거야. 이제는 관련 논문도 많이 볼 수 있어. 내가 이러한 움직임에 모두 직접적인 영향을 준 것일까? 확신하기는 어렵지만, 우리 사회가 올바른 방향으로 나아가게 된 것만은 분명해. 그러니까 내가 하고 싶은 말은 이거야. 무엇이든 일단 시작을 해야 국회, 대학, 단체 등을 좌지우지하는 결정권자들을 움직일 수 있어.

내 말에 누군가는 이렇게 말할지도 모르겠어.

"저 문제들은 너무 어렵고 복잡하잖아. 아직 학생인 내가 혼자서 어떻게 해결해?"

하지만 자신 있게 말할 수 있어. 문제를 해결하는 데 박사 학위가 필요한 것은 아니야. 특별한 재능이 있어야 하는 것도 아니지. 나만의 이키가이를 찾아내기만 하면 돼. 실행하고자 하는 의지와 열정은 저절로 따라오게 되어 있어. 서두를 필요는 없어. 그저 내가 어떤 사람이 되고 싶은지만 생각하면 돼.

이 개념을 소개했을 때, 한 소녀가 이렇게 말했어.

"내 이키가이는 창의력을 키워 다른 사람들과 예술 활동을 공유하는 거야."

문제를 해결하는 데 예술을 활용할 수 있느냐고? 얼마든지 가능해. 종이접기 방식을 활용해서 소형 태양 전지판을 만든 사례도 있어. 전지판을 종이처럼 얇게 만들어 접은 다음, 화성에 도착하면 펼치는 원리이지. 또 다른 예를 찾아보자.

문제 마을과 학교에 재활용 쓰레기통이 있지만, 아무도 분리수거를 하지 않는다.

해결 나의 그림 실력을 활용한다. 분리수거를 하자는 내용의 포스터를 그리거나, 분리수거 슈퍼히어로를 만들어서 친구들과 공유한다. 매달 학교 선생님들에게 그림을 보여 주며 문제의 심각성을 알리는 것도 좋다.

내게 이렇게 말한 소년도 있어.

"내가 정확히 어떤 사람이 되고 싶은지는 모르겠어. 하지만 축구 같은 운동을 통해서 사람들을 돕고 싶어."

자, 축구로 어떻게 사람을 도울 수 있을까?

문제 학교에서 팀원들과 함께 과제를 해야 한다. 그런데 서로 어울리려고 하지 않는다.

해결 운동장에 나가 어떻게 하면 축구 시합을 재미있게 할 수 있을지 생각해 본다. 한 시간 정도 협력하다 보면, 서로를 믿게 되고 더 나아가 모두에게 필요한 규칙을 익힐 수 있다.

누구나 과학과 기술을 배워야 해. 문제를 해결하는 데 꼭 필요한 도구이기 때문이야. 그러나 그 전에 '친절함'을 먼저 익혀야 해. 다른 사람의 생각에 공감하고, 배려하는 마음이 있어야 문제를 더 잘 이해할 수 있거든. 그러면 서로서로 돕고자 하는 마음도 생기지. 예를 들어 응용 구조공학을 공부한다고 가정해 보자. 그리고 재연재해 때문에 살 곳을 잃어버린 사람들을 떠올려 보는 거야. 자연스럽게 구조설계를 통해 그들을 도울 수 있는 방법을 고민하게 되겠지?

몇 가지 예시만 이야기했지만, 이 책의 목적은 과학기술을 통해 사회를 변화시키는 데 있어. 학교 수업을 열심히 듣고, 시험에서 만점을 받는 것만이 전부는 아니야. 우리한테 진짜 필요한 교육은 문제를 직접 해결하는 방법이 아닐까? 물론 실패도 얼마든지 허용되어야겠지. 그러니까 나와 함께 도전해서 변화를 만들어 보자. 우리 같은 학생들은 학습 능력이 거의 스펀지 같잖아. 서로 공유한다면 얼마든지 즐겁고 신나게 참여할 수 있어. 우리의 문제를 해결할 사람은, 우리뿐이야.

얼마 전 세계 정상회담에 참석한 적이 있어. 다들 한목소리로 과학의 역할을 강조하고, 지속 가능한 삶을 위해 청년의 창의성을 활용해야 한다고 주장했어. 대표적인 10대 환경 운동가인 그레타 툰베리도 기후 행동 운동에 대해 설명하면서 사람들에게 과학에 귀를 기울이라고 호소했지. 과학에 귀를 기울이라니, 그게 무슨 뜻일까? 문제를 제대로 이해하려면 객관적인 사실과 수치부터 파악해야 한다는 뜻이야. 문제를 해결하고 사람들의 생각을 변화시키려면 적절한 방법을 찾아야 한다는 뜻도 되지. 유엔이 발표한 지속가능 발전목표★를 살펴보면, 세상이 크게 발전하기는 했어도 아직 갈 길이 멀다는 사실을 알 수 있어.

시대가 변하고 있어. 이럴 때일수록 우리 10대의 힘과 가능성을 전 세계에 보여 줘야 해. 우리 스스로 주체가 되어 변화를 이끌고, 미래가 바뀌는 모습을 지켜보자. 내가 그랬던 것처럼 이 책의 독자들도 자신만의 이키가이를 찾기를 바라. 마음속에서 열정을 끄집어내어 변화를 만들고 사람들을 돕는 거야. 나이, 성별, 출신 같은 건 아무래도 좋아. 누구나 아이디어를 낼 수 있고, 누구나 혁신가가 될 수 있어. 비싼 장비나 전문적인 실험실이 필요한 것도 아니고 부자 동네에 살지 않아도 상관없어. 그저 세상을 바꾸려는 의지와 노력만 있으면 돼. 나 역시 다르지 않아. 사정이 여의치 않았기 때문에 규모는 작아도 영향력이 큰 문제를 공략했지. 하지만 내 진심이 사람들의 마음을 울렸고, 그 결과 테티스가 세상에 나올 수 있었어.

★ **지속가능 발전목표** : 2015년 제70차 유엔총회에서 2030년까지 달성하기로 결의한 의제이다. 인간, 지구, 번영, 평화, 파트너십이라는 5개 영역에서 인류가 나아가야 할 방향을 17개 목표와 169개 세부 목표로 제시하고 있다.

이공계의 여성들

이공계 분야에서 여성이 일한다는 건 어떤 의미일까? 이것과 관련해서 내 경험담을 들려줄게. 몇 년 전 스템 실험 프로그램에 참여한 적 있어. 새로운 친구들을 만나서 새로운 주제를 공부할 생각에 마음이 설렜지. 그런데 막상 가 보니, 남자아이만 일곱 명이고 여자아이는 나 한 명뿐인 거야. 순간 외톨이가 된 것 같은 기분이었어. 다행히 수업이 끝난 후엔 그런 마음이 사라졌어. 내가 너무나 참여하고 싶었던 프로그램이었거든.

비슷한 일은 또 있었어. 3학년 때 일주일짜리 여름 코딩 캠프에 참여했는데, 거기서도 여학생은 나 혼자였어. 마지막으로 참여자들끼리 게임을 만드는 과제가 있었는데, 남학생들이 남자 캐릭터만 넣는 거야. 내가 여자 캐릭터도 넣자고 했더니 그제야 깜빡했다며 사과하더라고. 그 아이들이 일부러 그런 건 아니었어. 다만 자신들과 외모도 행동도 다른 사람을 고려하지 못했을 뿐이야. 그렇다면 나는 어땠을까? 남자아이들 사이에 있는 게 신경 쓰였느냐고? 처음엔 그랬을지 모르지만 나중에 가서는 아니었어. 겉도는 느낌이 들었느냐고? 아니, 나는 다른 사람들이 어떻게 생각하든 전혀 신경 쓰지 않았어. 굳이 차이를 강조할 생각도 없었고. 그곳에서 참여한 활동들이 즐거웠느냐고? 물론이지!

나는 이공계 분야에서 여성이 할 수 있는 역할과 가치에 대해서 이야기하고 싶어. 여성이 안전하게 이공계 분야의 학문을 연구할 수 있도록 사회가 자리를 마련해야 한다고 생각해. 여성이 이공계에 뛰어드는 이유가 남성과 다르다는 연구 결과도 있어. 여성과 남성 모두 자신이 하는 연구와 목표에 대해 깊이 있게 이해하고 싶어 한대. 다만 여성들은 로봇이나 기계보다 예술과 창의성에 관심이 더 많다고 해. 나도 예전에 여자 친구들과 이 주제에 관해 대화를 한 적이 있어. 여학생은 남학생보다 창의적으로 접근하고 공동체와 예술, 음악을 결합하려는 경향이 큰 것 같다는 이야기를 나누었지.

"내가 문제에 접근하는 방식이 남동생하고 다른가요?"

엄마한테 여쭤보았는데 엄마 생각도 비슷했어. 동생은 몇 분 정도 고민하다가 곧바로 해결 방안을 내놓고 나중에 결과를 확인하는 반면, 나는 문제를 고민하는 데 시간을 많이 쓴대. 전체적인 윤곽을 마련하고 조언을 구한 다음에야 해결 방안을 내놓고. 이렇게 동생과 나는 많이 다르긴 해도, 함께 일하면 손발이 잘 맞아. 나는 두 방식 모두 옳다고 생각해. 그러니 여자와 남자가 서로 협동하면 더욱 좋은 결과를 낼 수 있겠지?

여성은 대체로 이공계를 피하려는 경향이 있는 것 같아. 그 이유야 한두 가지가 아니겠지만 일단 다섯 가지로 압축해 보았어. 이런 경향은 나이가 적든 많든 비슷하게 나타났어.

▶ **고립** : 과학이나 코딩 캠프에 가면 여성은 한두 명에 불과해. 지난 몇 년간 나아졌다 해도 여전히 남성이 많아. 내 주변에도 코딩 수업을 꺼리는 여자 친구가 몇 있어. 컴퓨터 프로그래밍이 여성과 어울리는 학문이 아니라고 믿기 때문이야.

▶ **격려 부족** : 초등학교 시절 나는 '소녀들을 위한 인형 동아리'에 가입하라는 권유를 받았어. 홍보지도 엄청 뿌려 댔지. 과학 동아리에서 그렇게 홍보를 했다면 더 많은 여학생들이 가입했을 거야.

▶ **미디어의 묘사** : 과학 관련 영상을 보면 항상 소년이나 남자 어른이 과학자 역할을 맡아. 도서관에서 진행하는 과학 프로그램에서도 보통 남성이 나와서 과학 개념을 설명하지. 나는 어느 정도 인지도가 생긴 후에야 그 자리에 설 수 있었어. 이런 불균형은 앞으로 고쳐 나가야 해.

▶ **관리자 부족** : 이공계에서 여성 전문가에게 큰 책임을 맡기지 않아. 업무보다는 가정에 더 신경을 쓴다고 믿기 때문이지. 요새는 인식이 조금 바뀌었다고 하지만 여전히 미흡한 게 사실이야. 고용인은 피고용인에게 동등한 기회를 제공하고, 재능과 업무 수행 능력을 바탕으로 관리자를 선정해야 해.

▶ **임금격차** : 6학년 때 청소년 자치활동에 참여한 적이 있어. 그때 다룬 의제가 성별 임금격차를 없애자는 거였어. 실제로 남성이 1달러를 받을 때 여성은 고작 80센트를 받는대. 그 이야기를 듣고 기가 막혔

어. 엄마도 사회가 너무 불공평하다고 말했지. 이공계뿐만 아니라 대부분의 기업이 그런 식이야. 임금격차를 없애기 위해서는 고용인이 법을 잘 지켜야 해. 이전 직장에서 얼마를 받았는지 묻지 않아야 하고, 피고용인이 자유롭게 임금을 논의하도록 허용해야 해. 동일노동 동일임금 원칙도 지켜야 하지.

이공계 분야에 여성이 많이 참여할수록 창의력이 극대화되고, 더 많은 혁신이 일어날 수 있다고 믿어. 지금 이 시간에도 수많은 과학자와 공학자들이 세상의 난제를 해결하려 애쓰고 있어. 물론 여성 학자들도 엄청난 기여를 하지. 마리 퀴리는 새로운 원소 2개를 발견했고, 에마뉘엘 샤르팡티에와 제니퍼 다우드나는 유전자 가위★ 기술로 유전자 편집을 가능하게 만들었어. 여성 학자들의 노력이 없었다면 지금의 과학과 기술이 가능했을까? 그런데도 여성의 경험과 요구 사항은 외면당하고, 해결 방안을 제안하는 몫이 남성한테만 돌아가는 현실이 슬퍼.

앞으로 여성들이 이공계에 더욱 적극적으로 진출하면 좋겠어. 물론 남성들도 여성들의 입장을 이해하고 연구물을 존중해야 하지. 여

★ 유전자 가위 : 특정 염기 서열을 인지하여 해당 부위의 DNA를 절단하는 효소로, 분자생물학적 도구를 일컫는다. 대표적으로 크리스퍼캐스9가 있다.

성이 동등하게 대접받을 수 있도록 우리가 함께 싸워 나가야 해. 실제로 여학생들이 마음 놓고 연구할 수 있도록 공간을 마련해 준 기관도 있어. 그 점에 대해서 정말 감사하게 생각해. 그러나 무엇보다 젊은 여성들이 이공계 분야에 관심을 갖고 주도적으로 움직여야 할 거야. 우리 함께 노력해 보자.

2장
혁신이란 무엇일까?

　혁신이란 무엇일까? 뉴스나 기업에서 하는 이야기를 들어 본 적 있을 거야. 어쩌면 잘 알고 있는 것 같다가도 문득 '내가 정말 아는 게 맞나?' 하고 돌아보게 하는 개념이 바로 혁신인지도 모르겠어. 혁신이란, 기존의 해결 방안이나 도구를 개선해서 문제를 해결하는 과정을 뜻해. 이와 비슷하면서도 다른 개념으로 '과학적 방법'이라는 것이 있어. 질문을 찾아내고, 가설을 세우고, 가설을 검증하고, 데이터를 분석해 결론을 도출하기까지의 과정을 과학적 방법이라고 불러. 그 과정을 반복하는 것까지 포함하지. 학교에서 배운 개념인데 내 생각에는 확실히 유용한 것 같아. 나도 실험을 하고 결론을 도출할 때 이 방법의 도움을 많이 받았거든. 다만 나는 결론에서 만족하지 않고 결론을 가지고 무엇을 더 할 수 있을까 고민하지.

　이러한 과학적 방법은 질문에 대한 답을 찾게 해 줘. 하지만 혁신 과정은 그 답을 이용해 나 자신과 타인, 더 나아가 세계에 이바지하도록 도움을 줘. 미처 깨닫지는 못해도 우리는 두 가지 방식을 매일 사용하고 있어. 피자를 데울 때 오븐과 전자레인지 중 어떤 것을 이용할지 고민하는 것과, 전혀 다른 방식으로 피자 데우는 것을 고민하는 차이랄까. 늘 새로운 아이디어를 고민하고 질문에 답하고 또 실천하는 것이 바로 혁신이야.

혁신은 모든 과정이 유기적으로 연결되어 있기 때문에 하나하나가 다 중요해. 앞으로 우리는 함께 그 과정에 대해서 자세히 알아볼 거야. 과학기술경진대회에 참여하거나 조언을 얻는 방법, 보조금이나 장학금을 받는 방법에 대해서도 공유할게. 혁신 과정을 살펴보는 동안 전문가가 활용하는 도구나 프로젝트 관리법 같은 것도 소개하려고 해. 나는 그 요소들을 재구성하여 학생들도 쉽게 이용할 수 있게 만들었어. 예를 들면 어골도, 친화도법, 행렬 같은 도구들이야. 혁신 과정에 한번 응용해 봤더니 정말 쓸모가 있었어. 학교에서도 알려 주면 좋겠지만, 어쨌든 꼭 필요한 것들이니 나와 함께 살펴보자. 책을 다 읽고 나면, 큰 꿈이라도 얼마든지 이룰 수 있다는 자신감이 생길 거야.

발명과 혁신의 차이

여기 질문을 하나 할게. 발명과 혁신 중에서 무엇을 하고 싶어? 두 개념은 얼핏 비슷해 보이지만 크게 달라.

- ▶ **발명** : 무에서 유를 창조한다. 완전히 새로운 것을 만들거나 어떤 개념을 최초로 도입한다.
- ▶ **혁신** : 기술을 이용하여 문제를 해결하고, 기존에 쓰이던 해결 방안을 개선한다.

내 경험에 비추어 보면, 발명보다는 혁신을 통해 더 빠르고 효과적인 결과를 얻을 수 있었어. 창의력을 발휘할 여지도 훨씬 많았지. 독창적인 아이디어가 있을 경우 발명은 놀라운 성과를 내지만, 막다른 골목에 갇히기도 쉬워. 무엇을 선택하느냐는 사람마다 다를 거야. 나는 기술을 활용해서 기존의 것을 조금씩 바꿔 나가고 싶어. 그러다 보면 언젠가는 아주 새로운 것을 만들어 내는 날이 오겠지. 앞으로 혁신 과정을 배우면서 참고하면 좋을 규칙을 정리해 봤어.

- ▶ 이 책의 내용은 참고 사항에 불과해. 책을 다 읽기 전에 자신의 상황에 맞게 과정을 바꿔 보는 것도 좋아.
- ▶ 아이디어를 짜내려고 서두를 필요는 없어. 닭이 달걀을 낳는 경우를 생각해 봐. 부화에는 어차피 시간이 필요해. 좋은 아이디어가 나오려면 평생이 걸릴 수도 있어. 중요한 것은 인내야. 기다리다 보면 알은

부화하게 마련이야. 다만 어디를 가든, 무슨 일을 하든, 생각의 끈만은 놓지 않도록 하자.

▶ 이 책에 소개한 도구를 이용하기 어렵다면 직접 도구를 만들어도 좋아. 그 또한 다른 의미의 혁신이 될 거야!

혁신 과정 5단계

우리가 함께 살펴볼 혁신 과정은 5단계로 이루어져 있어. 각 단계는 모두 중요해. 2부 '해결하라'에서 하나씩 자세히 다룰 테지만, 그에 앞서 간단하게 살펴보자.

1단계는 관찰이야. 사실 '관찰'이란 용어는 지나치게 모호한 것 같지 않니? 사실 그래. 탐구를 통해 해결하고 싶은 것이 무엇인지 찾아내는 과정이거든. 어쩌면 혁신 과정에서 가장 어려운 단계일지도 모르겠어. 하지만 산책을 하고 뉴스를 시청하고 잡지를 읽고 주변을 살피는 것만으로도, 이제껏 상상도 하지 못한 아이디어를 얻거나 그 아이디어를 구체화할 수 있어.

그다음 2단계는 브레인스토밍이야. 나는 처음에 브레인스토밍이 최종 아이디어를 만들 때 필요한 단계라고 생각했어. 하지만 아니었어. 브레인스토밍은 어떤 아이디어든 공책에 적고 꼬리표를 붙이는 일이야. 이 단계에서 나쁜 아이디어 같은 것은 없어.

3단계는 조사야. 조사는 고달픈 작업이야. 수백, 수천 개의 웹 문서를 살피고, 며칠씩 도서관에서 지내고, 학술 자료와 잡지를 모으고 또 모아야 하거든. 반복적이고 지루한 일 같지만 그래도 막상 해 보면 생각보다 재미있어. 조사 단계를 간단히 말하자면, 브레인스토밍으로 모아 둔 아이디어에서 최종 후보를 추려 내는 일이라고 할 수 있어. 뒤에서 적절한 방법을 소개할게.

4단계는 제작이야. 이건 내가 제일 좋아하는 단계야. 머릿속에 있던 아이디어를 시각적으로 보여 주기 때문이지. 나는 테티스를 제작할 때 제일 먼저 견본, 즉 프로토타입부터 만들었어. 비록 마분지 모형에 불과했지만 장치를 어떤 식으로 만들면 좋을지 감을 잡을 수 있었지. 프로토타입의 생김새가 멋지지 않다거나 의도와 다르게 나왔다고 해서 실망할 필요는 없어. 계속 시도하다 보면 여러분이 바라는 것보다 훨씬 멋진 결과를 만들어 낼 테니까. 자세한 설명은 7장에서 할게.

마지막 5단계는 소통이야. 내가 정말 좋아하는 단계야. 지금도 내 생각을 독자들에게 전하고 있잖아? 소통은 어렵고 때로는 무섭기까지 해. 그래도 우리가 떠올린 멋진 아이디어를 전 세계 친구들과 공유하면 좋을 거야. 소통은 다양한 방식으로 가능해. 책, 연설, 연극, 예술 작품, 동영상, 심지어 해석 무용이라는 것도 있어. 무엇이든 다 가능하지.

다음 이야기

지금까지 혁신이 무엇인지 설명하고, 혁신 과정을 맛보기로 보여주었어. 다음 '해결하라'에서는 혁신 과정 5단계를 자세히 알아보고, 실패를 통한 배움이 얼마나 중요한지도 이야기할 거야. 성공의 기쁨은 달콤하지만, 성공에만 집착하면 실패의 충격이 매우 클 수 있어. 하지만 실패는 반드시 거쳐야 할 과정이야. 실패를 통해 무엇을 배웠는지 사람들과 공유하면 더 값진 것을 얻을 수 있을 거야. 각 단계의 끝에는 작업 일지를 마련했어. 해당 단계의 내용을 정확히 이해하는 데 도움을 줄 거야. 더 나아가 각자의 탐구 프로젝트에도 활용하면 좋겠어. 작업 일지는 예시를 따라 적어 보되 자기만의 방식으로 작성해도 돼.

끝내기 전에는 뭐든 불가능해 보인다.

— 넬슨 만델라

2부 해결하라

3장

1단계 ─ 관찰

유치원 아이들에게 "무엇을 좋아해요?"라고 물어본 적이 있어. 아이들은 자동차, 식물, 동물 등을 이야기했어. 나는 좋아하는 것을 일주일 동안 잘 살펴보고 기록해 오라는 과제를 내 주었지. 며칠 후 아이들은 아주 많은 것을 적어 왔어. 좋아하는 대상에 어떤 문제가 있는지까지 말이야. 감탄이 절로 나올 정도였지.

"자동차는 멋져요. 색깔, 모양도 다양하고 자동 운전도 가능해요! 하지만 사고가 날 위험도 있어요."

"식물을 사랑하지만 꽃가루가 너무 많이 나와요. 우리 아빠는 봄꽃이 피면 알레르기로 고생을 해요."

물론 모두 해결이 가능한 문제였어.

본격적으로 이 장을 시작하기 전에, 우리 자신이 무엇을 좋아하는지 생각해 봤으면 해. 하고 싶은 일, 보고 싶은 것, 하고 싶은 놀이…… 뭐든 좋아. 열렬하게 좋아하거나 관심을 기울이는 것이 있으면 혁신 과정을 통과하는 데도 도움이 되니까. 잠시 여유를 가지고 떠올려 봐.

관심을 갖고 주변을 둘러보다 보면 어디에 어떤 문제가 있는지 알수 있어. 자연스럽게 그 문제를 해결할 수 있는 방법은 없을까 고민하게 되지. 이 단계에서는 탐구하고 싶은 문제를 어떻게 찾고, 또 어떤 식으로 구체화하면 좋을지 알아볼 거야.

문제 찾기

혁신 과정에서 제일 처음 맞닥뜨리는 어려움이 있다면, 바로 해결하고자 하는 문제를 찾아내는 일일 거야. 무엇을 어디에서 어떻게 찾아야 할까? 나한테도 가장 어려운 단계였지만 반복해서 하다 보니 어느 정도 요령이 생겼어. 도구와 방법론을 잘 활용하면 이 과정을 최대한 단순하게 만들 수 있어. 여기 그 내용을 공유할게.

가장 먼저, 문제 찾기는 관찰에서 비롯된다고 할 수 있어. 사건이나 현상을 자세히 살펴보는 것이 우리에게 어떤 의미가 있을까? 관찰을 통해 우리는 주변 문제와 관계를 맺을 수 있어. 만약 관심이 가는 문제가 사회적인 사건이라면 뉴스, 신문, 잡지, 서적, 웹 사이트 등과 같은 매체에서 영감을 얻을 수 있을 거야. 영감은 이 외에도 어디서든 얻을 수 있어. 전혀 부담을 가질 필요가 없어. 집 밖으로 나가서 걷기만 해도 아이디어를 얻을 수 있거든. 사실 외출은 아이디어를 얻는 최고의 방법이기도 해.

짬을 내어 산책을 나가 보자. 동네를 가볍게 돌면서, 그동안 무심히 지나쳤거나 지금까지 한 번도 본 적 없던 것을 세 가지만 찾아봐. 이웃집 나무에 걸려 있는 새 둥지가 보이거나, 활짝 핀 꽃이 눈에 띌 수도 있겠지.

동네를 둘러보면서 유독 신경이 쓰이는 것 세 가지도 찾아봐. 낯선 경험일 수 있겠지만 하다 보면 호기심이 생길 거야. 단순히 궁금증을 자아내는 것도 있을 거고, 왜 저런 문제를 그대로 방치하고 있을까 의아함이 드는 것도 있을 거야. 내 경우에는 깨진 보도블록이 눈에 들어왔어.

자, 이제 집으로 돌아오는 동안 정말로 알고 싶은 것 한 가지만 정해 봐. 앞서 찾은 것도 좋고 전혀 다른 문제여도 상관없어. 뭐든 괜찮아. 우리의 탐험인걸. 이런 식으로 주변을 둘러보면서 문제를 찾아보는 거야.

나도 일상을 관찰하면서 많은 아이디어를 얻고는 해. 테티스의 경우 산책을 하다 본 작은 냇물이 영감을 주었어. 우리 동네 물에 어떤 성분이 들었을까 알아보던 차에 플린트의 수질 위기 뉴스가 나온 거야. 에피온은 차를 타고 고속도로를 지나다가, 문득 차 사고 이후 약물중독에 시달리는 이웃 가족이 떠올라 고안하게 되었어. 카인들리는 사이버 폭력에 신음하는 학교가 전 세계적으로 많다는 사실을 알게 되고 나서 최초 아이디어를 떠올렸지. 이런 예는 아주 일부에 불과해. 모두 관찰 연습을 거듭해서 해결하고 싶은 문제를 찾아내길 바랄게.

팁

정말로 알고 싶은 것 한 가지만 정하라고 했지? 그건 이 책의 작업 일지에서 계속 이어 나가자. 그러니까 꼭 관심이 가는 것으로 골라 둬!

문제 구체화하기

해결하고 싶은 문제를 찾았다면, 이제는 그것을 자세히 살펴볼 필요가 있어. 막연한 질문이나 생각을 구체화시키는 작업인데, 이 책에서는 이시카와 다이어그램, 일명 '어골도' 기법을 사용할 거야. 보통 어떤 문제의 근본 원인을 분석할 때 많이 사용하지만, 나는 문제의 범위를 좁히는 방향으로 살짝 개조했어. 문제의 일반적인 원인을 파악한 뒤 장비, 과정, 환경, 사람 등의 범주로 나눠 보는 거야. 그렇게 하면 우리가 탐구하려는 주제를 구체적으로 만들 수 있지. 조금 어렵게 느껴지더라도 직접 해 보면 금방 이해할 수 있을 거야. 먼저, 어골도의 기본 형식을 보여 줄게.

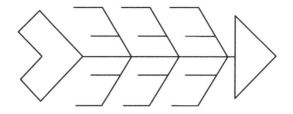

물고기 뼈처럼 보이지 않니? 그래서 어골도 또는 물고기 뼈 다이어 그램이라고 불러. 이것을 조금 더 발전시켜 보자.

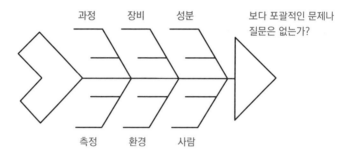

위의 그림은 내가 테티스를 만들 때 사용한 어골도야. 수돗물에 납 오염이 일어난 원인을 몇 가지 범주로 나누어서 뼈대를 잡아 보았어. 이제 구체적인 원인을 생각해서 적어 볼게. 모두의 어골도가 꼭 똑같 은 모양일 필요는 없어. 잔뼈, 즉 세부 원인은 얼마든지 추가할 수 있 거든.

팁

물고기 뼈를 다 쓰지 않아도 돼. 나 역시 의미 있는 것만 남기고 다른 것은 정리했어. 그러니 필요에 따라 뼈를 더하거나 빼면서 표를 완성해 봐.

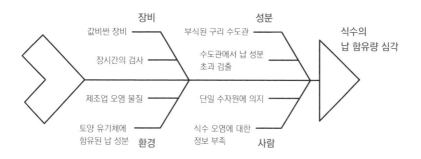

이렇게 정리를 해 보니, 내가 좀 더 깊이 파고들고 싶은 문제의 범위가 무엇인지 알 수 있었어.

탐구 주제 선택하기

문제를 구체적으로 살펴보았으니, 이제는 핵심 문제를 추려 낼 차례야. 여기서 내가 소개한 기술은 2×2행렬 혹은 4스퀘어 방식이라고도 부르는데, 사실 경영학에서 흔히 쓰는 개념이야. 결정 과정을 시각적으로 볼 수 있어서 매우 효과적이지. 여기 참고할 만한 예를 보여 줄게.

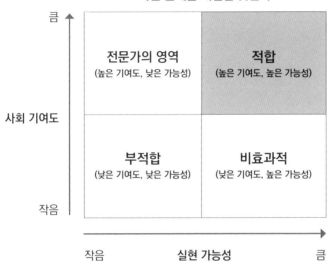

어떤 문제를 해결할 것인가

	전문가의 영역 (높은 기여도, 낮은 가능성)	**적합** (높은 기여도, 높은 가능성)
	부적합 (낮은 기여도, 낮은 가능성)	**비효과적** (낮은 기여도, 높은 가능성)

사회 기여도 (큼 ↑ / 작음)

실현 가능성 (작음 → 큼)

조금 전에 작성한 어골도 아이디어를 위의 표에 적힌 4개의 영역으로 정리해 봐. 따로 조사할 필요는 없고 기본적인 배경지식을 활용해도 어느 문제가 어디에 속하는지 판단할 수 있을 거야. 분류가 끝나면 보라색 사각형을 확인해 봐. 그게 바로 집중적으로 탐구해야 할 주제야.

사회 기여도와 실행 가능성 둘 다 큰 것을 목표로 삼아야 해. 사람들에게 도움이 되면서 동시에 나 혼자의 힘으로 문제를 해결할 수 있어야 하니까. 두 조건이 모두 들어맞는 주제가 바로 보라색 사각형인 거지. 내가 테티스를 만들 때 작업했던 표를 보여 줄게.

어떤 문제를 해결할 것인가

	실현 가능성 (작음)	실현 가능성 (큼)
사회 기여도 (큼)	**전문가의 영역** (높은 기여도, 낮은 가능성) – 값비싼 장비 – 가스 발생, 오염 증가 – 아동 건강 문제	**적합** (높은 기여도, 높은 가능성) – 식수 오염에 대한 정보와 인식의 부족
사회 기여도 (작음)	**부적합** (낮은 기여도, 낮은 가능성) – 장시간의 검사 – 부식된 구리 수도관	**비효과적** (낮은 기여도, 높은 가능성) – 수도관에서 납 성분 초과 검출 – 토양 유기체에 함유된 납 성분

어골도에 적은 문제들을 4스퀘어를 이용해 세분화했어. 이렇게 해 보니까, 내 탐구 주제로 적합한 것은 대중적으로 식수 오염에 대한 정보와 인식이 부족한 문제였던 거야.

팁

보라색 사각형에 속하는 문제가 두어 개라면, 심층 질문을 이용해 좀 더 구체화할 필요가 있어. 혹은 문제들을 합쳐 보는 것도 방법이야. 그러면 나중에 통합 해결 방안을 만들어서 한꺼번에 해결할 수 있겠지.

4스퀘어 방식이 핵심 문제를 찾는 유일한 방법은 아니야. 내가 선호하는 방법일 뿐이지. 각자 나름대로의 방안을 찾아보는 것도 좋을 거야. 자, 그럼 마지막으로 탐구 주제를 선별하는 데 필요한 기준 몇 가지를 이야기해 볼게.

1. 탐구 주제가 가치 있는가?

사회에 기여하는 바가 크고 실현 가능성이 충분해 보여도, 정말 사람들에게 필요한 것인지 고민해 봐야 해. 해결 방안이 실제로 쓰이지 않는다면 아무 소용이 없잖아. 어쩌면 누군가가 비슷한 주제로 연구하고 있을 수도 있어. 무엇보다 실제로 문제를 해결할 수 있는지 생각해 봐야 해. 땜질식 처방에 불과하다면 아무런 도움이 되지 않을 테니까.

2. 문제 제기가 시의적절한가?

시기는 매우 중요해. 사람들이 여전히 이 문제 때문에 힘들어하고 있는지 살펴야 해. 자칫하다가는 한발 늦거나 그 반대로 시기상조인 해결 방안을 내놓게 될 수도 있으니까. 통계자료도 시간이 지나면 바뀔 수 있으니 확인해야 하고.

3. 탐구 주제가 연구 의욕을 자극하는가?

나 자신에게 종종 하는 질문이야. 선정한 주제가 좋으면 문제를 해결한 후에도 계속 연구를 하고 싶어지거든. 예를 들어 진화론처럼 인류가 궁금해하는 문제는 시대마다 다른 차원의 연구가 계속 진행되지.

문제를 정리하는 데 너무 큰 부담을 느낄 필요 없어. 관찰은 이론 단계일 뿐이야. 어떤 문제가 얼마나 적합한지 기계적으로 정할 수는 없어. 도구를 활용해서 어느 정도 방향을 잡을 수 있을 뿐이지. 하지만 이것만은 꼭 명심해 줘. 우리의 생각과 목표, 사명에 따라 탐구의 결과가 달라질 수 있다는 걸.

과학자의 스냅사진

줄리아 겔폰드

유치 4개를 뽑은 뒤 치아 발치의 위험성을 몸소 체감했어. 잇몸 사이의 통증이 크고 자극을 쉽게 받으며, 무엇보다 세균 감염 위험이 높다는 문제가 있었지. 줄리아는 이를 해결하기 위해 치아를 뽑은 후 치아 구멍을 메울 수 있는 용해성 젤을 만들었어. 이걸 쓰면 합병증 예방도 가능해.

다음 이야기

지금까지 문제를 관찰하고 구체적으로 분류해 보았어. 어떤 문제가 탐구에 가장 적합한지도 따져 보았지. 다음 단계에서는 해결 방안의 가능성을 살펴볼 거야. 이와 더불어 아이디어를 조직화하는 데 필요한 기술과 도구를 알아볼게.

이름 _____ 반 _____ 날짜 _____

1단계 — 관찰 작업 일지
순서대로 작업 일지를 작성하시오.

1. 어골도

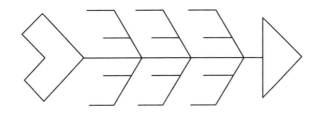

2. 4스퀘어

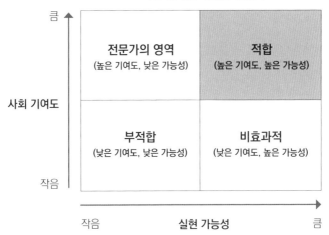

어떤 문제를 해결할 것인가

3. 확인이 필요한 질문들

▶ 관찰을 통해 정한 탐구 주제가 가치 있는가?

_____

▶ 그렇지 않다면 어떻게 가치 있게 만들 것인가?

_____

▶ 문제 제기가 시의적절한가?

_____

▶ 그렇지 않다면 어떻게 시의적절하게 만들 것인가?

_____

▶ 탐구 주제가 연구 의욕을 자극하는가?

_____

▶ 그렇지 않다면 어떻게 연구 의욕을 자극할 것인가?

_____

▶ 최종적으로 해결하고자 하는 문제는 무엇인가? 그 이유는?

_____

_____

4장

2단계 — 브레인스토밍

브레인스토밍은 흔히 쓰이는 방법이지만, 사람들이 종종 오해하는 개념이기도 해. 문제를 단번에 해결할 수 있는 아이디어를 떠올려야 한다고 생각하거든. 하지만 브레인스토밍은 최종 답안을 찾는 단계가 아니야. 오히려 어떤 아이디어든지 제시해서 해결 가능성을 넓히는 단계라고 할 수 있어. 알 듯 말 듯하다고? 그럼 이제부터 본격적으로 아이디어 내는 법을 연습해 보자.

사전 조사

앞 단계에서 해결하고 싶은 문제를 찾았다면, 이제는 해결 방안에 대해 생각해 볼 차례야. 가능성을 모두 열어 놓고 자유롭게 아이디어를 떠올려 보는 거야. 잠깐, 그 전에 탐구 주제에 대해 기초적인 조사를 조금 해 두면 브레인스토밍을 할 때 도움이 돼. 온라인에서 자료를 찾거나, 도움을 줄 수 있는 사람들에게 문의를 해서 정보를 얻어도 좋아.

- ▶ 해당 문제 때문에 고통을 겪는 사람들은 누구인가?
- ▶ 피해자들은 정서적, 물리적으로 어떤 피해를 받고 있나?
- ▶ 새 해결 방안을 내놓는다면 피해자들이 어떻게 생각할까?
- ▶ 피해자들 말고도 간접적으로 영향을 받는 이가 있는가?
  아동, 청소년, 학교, 기업, 정부 등등.
- ▶ 이 문제와 관련한 통계가 있는가?
- ▶ 이 문제와 관련한 역사적 배경은 어떠한가?

이런 예시를 참고해서 스스로 계속 정보를 찾고 공부해 봐. 그럼 문제를 좀 더 정확하게 이해할 수 있을 거야. 사전 조사를 통해 문제의 원인과 결과를 대략적으로 이해했다면, 머릿속에는 벌써 아이디어 몇 개가 떠올랐을 거야. 그 아이디어를 기록하기 앞서 다음 사항을 고려해 보면 좋아.

- ▶ 그 문제와 관련해서 현재 어떤 해결 방안이 존재하는가?
- ▶ 기존 해결 방안에 부족한 점이 보이는가?
- ▶ 문제를 해결할 만한 획기적인 신기술이 존재하는가?

현재 쓰이는 해결 방안을 살펴보는 것은 중요해. 기존의 것을 잘 살펴야 더 나은 것을 개발할 수 있으니까. 이 내용은 3단계에서 더 깊이 다룰게. 만약 효과적으로 쓰이는 해결 방안이 있는 데다 결함도 거의 없다면? 1단계로 돌아가 다시 주변을 관찰해야겠지.

팁

혁신은 반복적인 과정이야. 처음에는 부분적으로 놓치는 게 많을 거야. 하지만 괜찮아. 그 역시 과정의 일부거든. 계속하다 보면 조금씩 익숙해지게 마련이야. 이것에 대해서는 뒤의 '실패와 재도전' 장에서 상세히 다룰 예정이야.

아이디어 목록 만들기

내가 처음 브레인스토밍에 대해 알게 된 건 초등학교 2학년 때였어. 모둠 수업 중이었는데, 선생님께서 브레인스토밍을 사용해 보자고 하셨어. 겨우 아홉 살이었던 나는 수업이 너무 어렵게만 느껴졌어. 고작 10분 동안 어떻게 그럴듯한 아이디어를 내놓을 수 있겠어? 그런데 막상 해 보니 브레인스토밍의 매력에 푹 빠지게 되었어. 브레인스토밍은 정해진 방식이 없고 원하는 대로 자유롭게 하면 되는 거였어. 10분은 아무래도 무리였지만 그래도 제한 시간 내에 아이디어를 고안하는 훈련은 짜릿한 경험이었어.

브레인스토밍은 최종 아이디어를 내는 단계가 아니야. 무엇이든지 생각나는 대로 적은 다음 잘 기록하는 거야. 그 아이디어들을 잘 분류하면 다음 단계로 넘어갈 때 큰 도움이 되지.

브레인스토밍 단계에서 나쁜 아이디어 따위는 존재하지 않아. 여기서는 개인 차원의 브레인스토밍에 집중할 생각이지만, 친구와 협력해서 아이디어를 도출하고 싶으면 그것도 얼마든지 환영해. 팀 활동은 아이디어를 자극하고 혁신에 박차를 가하는 좋은 방법이거든.

사전 조사를 통해 문제에 대해 알아보고, 기존에 나와 있는 해결 방안들을 점검했으니 이제부터는 직접 해결 방안을 떠올려 보자. 자, 현재 있는 공간을 한번 둘러봐. 2분을 줄게. 방을 멋지게 만들 아이디어 15개를 고안한 뒤 메모지에 적어 봐. 뭔가 이상한 점이 눈에 띄어도 신경 쓰지 마. 어떻게 방을 개선할지에 대해서만 집중해. 문제점을 돌아보는 것은 나중에 해도 상관없으니까. 잊지 마, 나쁜 아이디어란 없는 거야. 쉽지 않겠지만 지금은 가능한 한 많은 생각을 하고, 옳고 그름의 판단은 나중으로 미루자.

팁

아이디어는 질보다 양이 더 중요해. 좋고 나쁨을 판단하지 말고 그저 아이디어를 많이 내놓는 데 집중해. 숫자는 다음 단계에서 줄이면 돼.

다 했으면, 목록을 한번 살펴보자. '아이디어가 마음에 들지 않아……' 하고 실망할 필요 없어. 목록을 작성한 것만으로도 훌륭해. 그리고 어차피 다음 조사 단계에서 아이디어를 면밀하게 살펴보고 검증을 할 테니 미리 걱정하지 않아도 돼.

내가 테티스를 만들 때도 그랬어. 브레인스토밍으로 쏟아 낸 아이디어들은 정말이지 엉망진창이었지. 납을 먹는 수중 박테리아나, 화학물질을 첨가해 납을 중화하겠다는 아이디어도 있었어. 별로 합리적인 해결 방안은 아니었지. 하지만 그런 발상이 없었더라면 지금의 테티스는 세상에 존재하지 못했을 거야. 아이디어가 많을수록 좋은 해결 방안이 나올 확률도 높아져. 이게 바로 브레인스토밍이 필요한 이유야. 아이디어를 얻고, 머릿속에 떠오르는 생각을 모조리 기록해 혁신에 다가가는 것.

아이디어 범주화하기

혼자 혹은 팀으로 아이디어 목록을 마련했다면, 이제는 비슷한 아이디어끼리 모아서 정리를 해 보자. 방법은 많이 있지만 개인적으로는 친화도법이 제일 효과적이었어. 친화도법을 이용해서 아이디어를 끼리끼리 묶으면 다음 단계로 넘어가기가 훨씬 쉬워지거든. 기본 방법을 설명할게.

범주 1		범주 2		범주 3	
아이디어		아이디어		아이디어	

　나는 메모지에 아이디어를 적은 다음 벽이나 화이트보드에 붙여 놔. 컴퓨터를 이용할 때도 비슷한 이미지를 사용하지. 여러분도 목록에 썼던 아이디어를 메모지에 하나씩 옮긴 다음, 몇 개의 범주로 나누어서 정리해 봐. 내가 약물중독을 진단하는 장치인 에피온을 구상할 때 사용한 친화도법은 이런 모습이었어.

치료		진단		예방	
뇌를 자극하여 중독 속도 줄이기	나노 물질로 통증 치료법 개선	체내 중독을 확인하는 알약	조기 감지를 위해 AI 데이터 베이스 구축	경각심을 일깨우는 게임 및 웹 세미나	가상현실을 통한 경고 메시지
유전자 검사를 통해 조기 처치		정확한 심층 건강진단	비색법 활용, 초기 단계에서 중독을 진단 하는 장치	가족력이 있을 경우 예방을 돕는 도구	

우선 해결 방안의 범주를 크게 치료, 진단, 예방으로 나눴어. 그리고 10개의 아이디어를 3개의 범주로 분류했지. 기다란 목록을 한눈에 보기 편하게 정리한 셈이야. 여기까지는 별로 어렵지 않았을 거야. 앞에서 했던 사전 조사가 단순히 아이디어를 내는 데만 도움이 된 게 아니라, 어떻게 분류할지 판단하는 데에도 효과가 있었을 테니까. 나는 처음에 이 작업을 매우 직관적으로 했어. 신기하게도 내가 생각한 것들이 몇 개의 범주로 묶이는 기분이었지.

팁

때로는 본능적으로 떠오르는 직감이 믿어 봐. 수학 자료나 화려한 도구를 아무리 활용해도 우리의 감각과 생각을 이길 수는 없어. 언제나!

원인과 결과를 생각하다 보면 기존 해결 방안 중에서 결함이 제일 많은 것, 피해를 제일 많이 입은 지역, 그리고 문제의 근본 원인과 관련된 아이디어가 최종 범주가 될 가능성이 커. 작업을 진행하다 뭔가 잘못되었다는 생각이 들면 언제든 이 지점으로 돌아오면 돼. 시간 낭비를 피할 최선의 방법이니까. 그럼 이제 핵심 아이디어를 뽑아 봐야겠지?

소피아 옹겔레

학교 친구가 성폭력을 당한 것을 목격하고, 다시는 이런 일이 반복되지 않기를 바라는 마음에서 브레인스토밍을 거쳐 '리던'이라는 앱을 만들었어. 성폭력 피해자의 피해 상황에 따라 상담을 해 주고, 도움을 줄 수 있는 장소를 알려 줘.

다음 이야기

브레인스토밍을 통해 아이디어를 자유롭게 떠올리고, 비슷한 것들끼리 묶어 정리했어. 다음 단계에서는 곧바로 해결 방안에 필요한 세부 사항을 조사할 거야. 현장 전문가를 찾아가 대화를 해 보고, 아이디어 하나를 선택해 집중적으로 해결 방안을 개발해 볼 예정이야. 또한 계획과 일정 등, 아이디어를 현실화할 때 필요한 것에 대해서도 이야기할게.

이름 _____ 반 _____ 날짜 _____

2단계 — 브레인스토밍 작업 일지
순서대로 작업 일지를 작성하시오.

1. 사전 조사

▶ 탐구할 문제의 범주 3개를 적어 보시오.

범주 1 : _____

범주 2 : _____

범주 3 : _____

브레인스토밍 공간

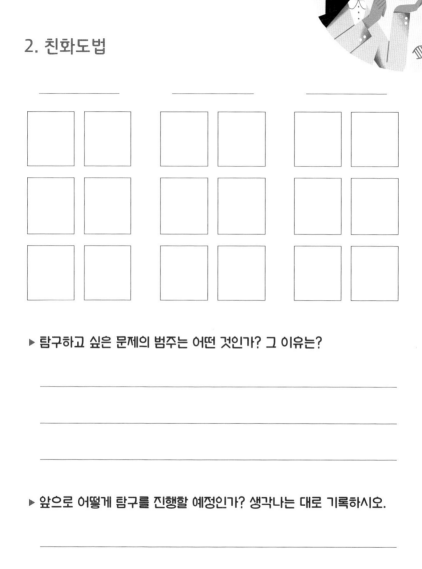

2. 친화도법

_____   _____   _____

▶ 탐구하고 싶은 문제의 범주는 어떤 것인가? 그 이유는?

_____

_____

_____

▶ 앞으로 어떻게 탐구를 진행할 예정인가? 생각나는 대로 기록하시오.

_____

_____

_____

3단계 — 조사

브레인스토밍을 통해 해결 방안을 폭넓게 생각해 보았다면, 이제는 그중에서 '핵심 아이디어'를 뽑아낼 차례야. 그러려면 자료 조사가 필수야. 문제를 깊이 이해하고, 해결 가능성을 다각도에서 살펴봐야 하니까.

조사가 그렇게 달가운 단계는 아닐 거야. 나도 자료를 찾아야 할 때가 되면 몸서리치곤 했어. 책상도 얼마나 어지러웠던지! 나만 그런 건 아닌가 봐. 사람들한테 조사가 중요하다고 이야기를 하면 다들 난감해해. 웹 사이트를 검색하고, 도서관에서 붙박인 채 며칠씩 자료를 찾아야 하는 일이니까. 그런데 말이야, 조사는 생각보다 훨씬 재미있어. 내가 조사를 좋아한다고 말하면 다들 고개를 갸웃해. 하지만 결국 재미는 각자가 만드는 거라고 생각해. 이번 기회에 재미있게 조사하는 방법을 알려 줄게.

먼저 딱딱한 이야기를 해 볼게. 사람들은 왜 조사를 안 좋아할까?

▶ **1. 시간이 오래 걸린다** : 막다른 골목에 갇히면 나오기 어렵다.

▶ **2. 따분하다** : 흥밋거리가 없다.

▶ **3. 어렵다** : 책과 웹 사이트에서 정보를 정리하는 건 엄청나게 복잡하고 힘든 과정이다. 자료 내용이 학술적일수록 난이도가 높다.

다 맞는 말이야. 어려운 점을 솔직하게 인정하는 것부터가 문제 해결의 시작이지. 그렇다면 이번에는 조사의 목적을 생각해 보자. 이렇게 어려운 조사는 왜 해야 하는 걸까? 내가 생각하기에 조사는 꿈을 현실로 만들어 주는 과정이야. 아이디어를 탄탄하게 만들어서 문제 해결의 가능성을 높이는 거니까. 어렵기는 해도 노력을 많이 들인 만큼 아이디어는 높은 수준으로 올라가게 될 거야.

아이디어 점검하기

자료를 조사하다 보면 기존 해결 방안의 문제점이 잘 보일 거야. 문제점은 많이 찾아낼수록 좋아. 그걸 토대로 더 합리적인 해결 방안을 만들어 낼 수 있거든. 이제부터 해결 방안을 구체화하는 방법을 알려 줄게. 우선 다음의 참고 사항을 통해서 해결 방안을 점검해 봐.

▸ 기존 해결 방안의 주요 결함은 무엇인가?

▸ 새로운 해결 방안을 제시하면 기존의 결함을 해소할 수 있나?

▸ 접근성이 좋은가? 기존 해결 방안에 비해 어느 정도인가?

▸ 휴대가 가능한가?

▸ 실제로 사용할 대상이 누구인가?

▸ 사용자 중심의 제작이 가능한가?

팁

해결 방안을 구체적으로 고안할 때, 기존 해결 방안과 더불어 사회적 영향력을 고려해야 해. 우리의 최종 목표는 사회에 기여하는 것이니까.

글로 정리하기 어려우면 대강 그림으로 그린 뒤 설명을 덧붙여 봐. 아홉 살 때 내가 팀원들하고 그린 그림을 보여 줄게. 화가처럼 완벽하게 그릴 필요 없어. 그저 생각을 표현하는 정도면 충분해.

대략적인 방향을 정했다면, 해결 방안에 어떤 기술을 이용할지 고민해야 해. 탐구 주제를 정할 때 문제의 원인을 두 가지 이상 고민했던 것처럼, 사용할 기술도 여럿 생각해 둘 필요가 있어. 만약 해결 방안을 처음부터 명확히 정해서 연구를 진행하고 싶다면 구체적으로 기록할 필요가 있어. 그렇다고 해서 위성통신 기술이나 GPS, 3D 프

꽃가루 여과 장치

음전하 정전계 원리로
꽃가루를 걸러 냄.

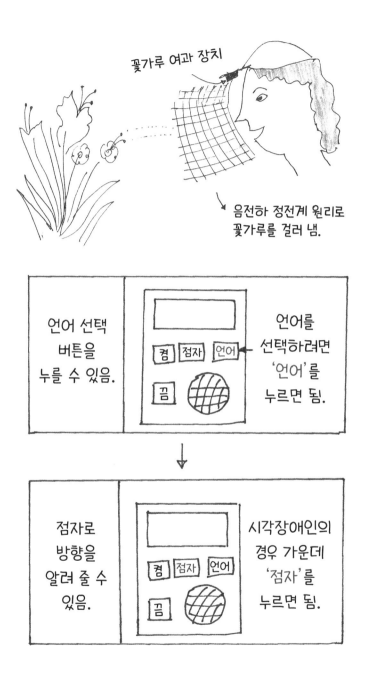

언어 선택 버튼을 누를 수 있음.

켬 점자 언어

끔

언어를 선택하려면 '언어'를 누르면 됨.

점자로 방향을 알려 줄 수 있음.

켬 점자 언어

끔

시각장애인의 경우 가운데 '점자'를 누르면 됨.

린터 등이 필요하다는 식으로 자세히 쓸 필요는 없어. 예를 들면 '수중의 블랙박스를 신속하게 회수하는 장비', '공항에 신호를 보내는 첨단 블랙박스'처럼 아이디어를 간단히 덧붙이는 정도면 충분해.

핵심 아이디어 도출하기

해결 방안을 몇 가지 떠올렸다면, 이제 어떤 것이 가장 적합할지 정해야겠지? 이때 '행렬'이란 도구가 많은 도움이 돼. 잠깐, 행렬이라고? 그 말을 들으면 누군가는 이런 말을 할지도 모르겠어.

"미분에서 배우는 그거?"

"엄마가 IT 회사 다니시는데 저런 말 자주 하셔."

"나 이거 알아! 예전에 지질학 수업에서 배웠어."

행렬은 아주 많은 곳에 쓰이는 개념이야. 다만 우리가 쓰고자 하는 행렬은 친구들이 말하는 것과는 완전히 달라.

우선 나에 대해 알아야 할 것이 하나 있어. 나는 경쟁을 좋아해. 경쟁을 보는 것도 좋아하고 참여하는 것도 좋아해. 경쟁은 뭐든 포기하지 않게 만들어 주거든. 그리고 행렬이란 서로 다른 아이디어에 경쟁을 붙이는 과정이야.

올림픽 체조경기를 본 적 있니? 선수들은 돌아가면서 도마, 마루 같은 시합에 참여하지. 심판들은 선수들의 연기, 기술 능력 등을 종합적으로 평가해. 채점 기준의 일부만 여기 적어볼게.

▶ 기술 난도가 어느 정도인가?

▶ 연기가 얼마나 완벽했나?

▶ 연기 도중에 실수는 없었나?

　심판은 특정 기준을 다른 것보다 중시할 거야. 예를 들어 연기의 완성도는 난도나 벌점보다 점수 배점이 높으니까, 보다 중요하다는 뜻이겠지. 승자는 그런 식으로 결정하는 거야. 우리가 낸 아이디어를 평가할 때도 마찬가지야. 여기 행렬의 예를 보기로 하자.

평가 항목	가중치	아이디어 A		아이디어 B		아이디어 C		아이디어 D	
		점수	합계	점수	합계	점수	합계	점수	합계
영향력	5	5x_		5x_		5x_		5x_	
실현 가능성	4	4x_		4x_		4x_		4x_	
비용	3	3x_		3x_		3x_		3x_	
휴대성	2	2x_		2x_		2x_		2x_	
편이성	1	1x_		1x_		1x_		1x_	
총점									

평가 1~5점

　표의 의미를 자세히 설명해 볼게. 맨 왼쪽의 '평가 항목'에는 5개의 평가 기준이 있어. 그 옆의 '가중치'는 어떤 기준이 제일 중요한지를 보여 줘. 나는 평가 항목 중에서 사회에 미치는 영향력이 제일 중요하다고 생각해서 그 기준에 가중치를 제일 많이 책정했어. 그러니까 가중치가 제일 낮은 편이성은 중요도가 제일 떨어진다는 의미인 거야.

맨 위의 가로 항에는 경쟁 아이디어들을 적었어. 각 평가 항목을 보며 '점수' 칸에 1~5점 사이로 아이디어의 평가 점수를 매기면 돼. 그리고 '합계'마다 평가 점수와 가중치를 곱해서 나온 수를 적는 거야. 맨 아래 가로 항의 '총점'에서는 합계를 모두 더해서 최종 승자를 선발할 거야.

이렇게 말로만 설명하니까 조금 어렵지? 내가 에피온을 만들 때 썼던 예시를 보여 줄게.

  ▶ **아이디어 A -** 체내 중독을 확인하는 알약

  ▶ **아이디어 B -** 비색법★ 활용, 초기 단계에서 중독을 진단하는 장치

  ▶ **아이디어 C -** 정확한 심층 건강진단

  ▶ **아이디어 D -** 경각심을 일깨우는 게임 및 웹 세미나

★ **비색법** : 시료 용액의 색을 표준 용액의 색과 견주어 농도를 결정하는 분석법.

평가 항목	가중치	아이디어 A		아이디어 B		아이디어 C		아이디어 D	
		점수	합계	점수	합계	점수	합계	점수	합계
영향력	5	4	20	5	25	2	10	1	5
실현 가능성	4	2	8	4	16	3	12	3	12
비용	3	1	3	3	9	5	15	4	12
휴대성	2	5	10	4	8	5	10	3	6
편이성	1	4	4	4	4	5	5	4	4
총점			45		62		52		39

평가 1~5점

아이디어마다 각 평가 항목을 기준으로 1~5점까지 점수를 매겼어. 5는 정말 좋다는 뜻이고 1의 경우는 그 반대에 해당해. 자세히 살펴보면 아이디어 A는 비용 면에서 별로인 반면, 아이디어 C는 훌륭하지. 각 문제에 대해 미리 공부해 두었기 때문에 점수를 수월하게 매길 수 있었어. 마지막으로는 각 항목의 가중치와 점수를 곱해서 각 합계란에 기입하면 돼. 아이디어 A의 영향력 점수는 4이고, 가중치가 5이므로 그 둘을 곱해서 20을 얻은 거지. 이렇게 각 아이디어의 합계 점수를 모두 더해 총점란에 기입한 거야. 그리고 제일 점수가 높은 아이디어에 표시를 했지. 마침내 승자가 정해진 거야.

야호! 드디어 길고 긴 아이디어 목록에서 핵심 아이디어를 뽑아냈어. 생각보다 지루하거나 시간이 너무 많이 걸리지는 않았지? 이 책을 읽고 나서 조사 과정을 즐겁게 느끼게 되면 좋겠어.

멘토와 전문가 찾기

조사 중인 것이 있다면 당연히 더 많은 정보를 얻고 싶을 거야. 그러나 우리가 지금껏 배우거나 접해 본 지식은 대부분 학교에 얻은 것뿐이야. 물론 인터넷을 뒤지거나 책과 논문을 읽을 수도 있겠지만 문제는 난이도지. 그래서 전문적인 내용을 쉽게 풀어서 설명해 줄 전문가가 필요해. 멘토가 방향을 잡아 주고 탐구 과제를 제3의 눈으로 지켜봐 주면 그보다 큰 힘이 없어. 막다른 골목에 갇혔을 때 대안을 찾아 주고 필요한 장비를 소개해 주기도 하니까. 응원이 필요할 때 격려와 동기부여를 해 주는 것도 그분들이야.

"그런 전문가를 어떻게 찾아?"

이렇게 묻는 친구들이 있을 거야. 좋은 질문이야. 방법은 그렇게 어렵지 않아. 시간이 좀 걸리기는 해도 과정 자체는 단순해.

- ▶ 해당 분야의 연구소, 실험실, 대학 교수 등을 알아보고, 만나고 싶은 전문가의 목록을 작성해 봐.
- ▶ 각자의 아이디어를 동영상으로 촬영하거나 문의 내용을 자세히 정리한 뒤, 이메일로 보내거나 전화 통화를 해서 전해 봐.
- ▶ 거절을 두려워할 필요는 없어. 전혀 무의미한 일이 아니야. 나도 처음 보낸 두 통의 메일 때문에 좌절한 적이 있어. 연이어 퇴짜를 당했거든. 하지만 최악의 결과라고 해 봐야 거절의 말을 듣는 것뿐이란 걸 곧바로 깨달았어. 그러니 너무 겁먹지 마!
- ▶ 매주 탐구 보고서를 작성해서 보내고 그 결과를 정리해 봐. 내 경우 부정적 응답이 80퍼센트, 긍정적 응답과 조언이 20퍼센트였어. 그러나 그 20퍼센트가 모든 것을 해결해 주었지!
- ▶ 멘토 요청에 긍정적인 전문가를 만나면, 그분이 우리에게 어느 정도의 수준을 기대하는지 알아봐. 우리는 멘토가 기대하는 것 이상을 성취하기 위해 노력할 필요가 있어. 그리고 매 단계마다 꼼꼼히 확인을 받고 소통을 하자.

메일함을 뒤져서 오랜 이메일을 하나 찾아냈어. 전문가의 긍정적인 답장을 받은 이메일인데, 약간 수정해서 예시로 만들었어.

안녕하세요, [전문가 이름] 선생님.

▶ **자기소개** : 제 이름은 기탄잘리 라오예요. 나이는 열한 살이고, 테네시의 브렌트우드학교 6학년입니다.

▶ **요구 사항** : 선생님께 이메일을 쓰는 이유는 도움을 청하기 위해서예요. 지금 중요한 탐구 과제를 진행하고 있거든요.

▶ **과제 내용** : 제 과제는 물속의 납 오염을 빠르게 감지하는 도구를 만드는 것입니다. 성능이 확실하고 개발비가 많이 들지 않았으면 해요. 제 아이디어는 특수하게 배열된 탄소나노튜브에 납을 노출시키고 저항값의 변화를 측정하는 것입니다. 탄소나노튜브 전도율 변화를 이용하면 납 화합물 감지가 가능하지 않을까요? 선생님께서 개발하신 유독가스탐지기와 원리가 비슷합니다. 저는 유독가스가 아니라 액체 내의 납 화합물을 검출하고 싶어요.

▶ **영상 파일** : 자세한 설명은 첨부한 영상에 담겨 있습니다.

▶ **그 밖의 요청과 일정** : 선생님은 나노테크놀로지 분야의 전문 가이시니 조언 말씀을 부탁드리고 싶어요. 여쭤볼 것은 크게 세 가지입니다. 7월 28일까지 답변을 주실 수 있으실까요?

▶ **원하는 바를 구체적으로 서술 :**

• 제 아이디어가 실현 가능성이 있는지 의견을 듣고 싶습니다. 수정 제안이 무엇이든 감사히 받아들이겠습니다.

• 선생님 연구 분야에 관심이 많습니다. 혹시 이 주제와 관련해 나노 연구가 진행 중인지 알고 싶습니다. 연구 결과나 자료가 있다면 그것도 함께 부탁드리고 싶어요.

• 탄소나노튜브 배열 과정이 납 친화성 원자에 어떻게 반응하는지 쉽게 이해할 방법이 있을까요? 혹시 추천해 주실 만한 전문가가 있으시면 말씀을 부탁드립니다.

▶ **감사 인사** : 선생님의 답장을 기다리겠습니다. 어떤 말씀을 해 주셔도 기쁠 거예요. 감사합니다. 안녕히 계세요.

[이름] **드림**

팁

이메일을 보낼 땐 아이디어와 프로젝트 내용을 최대한 자세히 설명하는 것이 좋아. 일정과 마감일도 정확하게 밝혀야 하고. 그리고 이메일을 길지 않고 요점만 간단히 정리해서 보내야 교수나 연구자들도 꼼꼼히 살펴볼 수 있을 거야.

나는 이메일을 보낸 후에도 계속 질문을 하고 전화를 걸었어. 절대 포기하지 않겠다는 의지와 열정이 있다는 것을 보여 주고 싶었거든. 거절 답변을 받으면 기운이 빠지겠지만 그래도 포기하면 안 돼. 전문가의 가벼운 조언 하나가 큰 차이를 만들어 주니까. 전문가 한 명만 있어도 우리의 탐구 결과는 날개를 달고 하늘로 날아오를 거야.

조사 초반에는 고쳐야 할 부분이 많아서 부담을 많이 느낄 수 있어. 그러나 하다 보면 조사가 훨씬 쉽게 수월하게 느껴질 거야.

탐구 일정표 작성하기

"과연 끝까지 할 수 있을까?"

해결 방안 아이디어를 정하고도 이런 걱정을 하는 사람이 있을지 모르겠어. 그 친구에게 나는 이렇게 말해 주고 싶어.

"지금 다 하려고 하지 마!"

일단 해야 하는 일을 잘게 쪼개 봐. 그리고 차근차근 순서대로 진행을 시켜 나가면 되는 거야.

나는 탐구 일정표를 만드는 게 즐거워. 일정표가 있다는 건 마감일이 있다는 의미이고, 그러면 한눈을 팔지 않을 수 있거든. 다음 주에 어떤 일을 할지, 그다음 주, 다음 달, 다음 해에 뭘 해야 할지 알 수 있어서 마음이 놓여. 나는 지금 에피온을 개발 중인데 2022년 말까지 일정을 정해 놓았어.

다음은 에피온의 탐구 일정표야. 보다시피 프로토타입 개발 이후의 계획이야. 이대로 할 수 있을지는 모르겠지만 최선을 다해 볼게.

팁

일정을 길게 잡을 필요는 없어. 나도 처음에는 한두 달 정도로 잡았어. 몇 년이나 걸리는 탐구 계획이 있다고? 그럼 그렇게 일정을 정하면 돼. 며칠, 몇 주 동안만 집중하고 싶다고? 그럼 그렇게 일정을 정하면 돼. 편하게 생각해!

마야 리

고등학교에 입학해서 UKAPS(가난과 질병에 대항하는 청소년 연합)라는 재단을 창설했어. 코로나19 팬데믹이 닥치자, 소속 청소년들은 지역 무료 배급소를 돕기 위해 식량 기부 행사를 기획했어. 또한 지역 식당에서 음식을 구입해 보건 노동자들에게 도시락을 배달하기도 했지. UKAPS의 목표는 코로나 시기에 수십 개의 공동체를 더 돕는 거야.

다음 이야기

미래에 대한 계획을 세웠으니, 이제 그것을 구체적으로 실천할 차례야. 다음 3단계에서는 해결 방안을 실행 가능한 형태로 제작하는 법에 대해 이야기할 거야. 활용할 수 있는 도구와 기술에 대해서도 알려 줄게. 아이디어를 어떻게 현실화할 수 있을지 고민해 보자.

이름 _____ 반 _____ 날짜 _____

3단계 ─ 조사 작업 일지

순서대로 작업 일지를 작성하시오.

1. 조사 방법

▶ 도서, 휴대용 자료   ▶ 전문가와의 대화, 소통

▶ 웹 검색, 온라인 학술 자료   ▶ 현장 활동

▶ 동영상, 멀티미디어 자료   ▶ 기타

▶ 조사를 시작하기 전, 주제에 대해 알고 있는 바를 모두 여기 적어 보시오.

_____

2. 행렬 작성

▶ 최종적으로 탐구하고 싶은 주제는 무엇인가? 이를 정하기 위해 지금껏
어떤 단계들을 거쳤는가?

평가 1~5점

평가 항목	가중치	아이디어 A		아이디어 B		아이디어 C		아이디어 D	
		점수	합계	점수	합계	점수	합계	점수	합계
영향력	5	5x_		5x_		5x_		5x_	
실현 가능성	4	4x_		4x_		4x_		4x_	
비용	3	3x_		3x_		3x_		3x_	
휴대성	2	2x_		2x_		2x_		2x_	
편이성	1	1x_		1x_		1x_		1x_	
총점									

3. 멘토 요청

▶ 함께 일하고 싶은 멘토나 전문가에게 보낼 이메일 초안을 적어 보시오.

_____

_____

_____

_____

_____

_____

4. 탐구 일정표

| 1분기 | 2분기 | 3분기 | 4분기 | 1분기 | 2분기 | 3분기 | 4분기 |

4단계 ─ 제작

야호, 드디어 내가 제일 좋아하는 단계에 왔어. 제작이란 아이디어 상태의 해결 방안을 현실화시키는 작업이야. 무언가를 직접 만들면서 더 많은 걸 배울 수 있지(물론 작은 제품이라면 조사 단계에서도 얼마든지 만들 수 있어). 제작 전 스케치는 만족할 때까지 충분히 하는 편이 좋아. 그럴수록 제작할 때 뭐가 필요한지 명확히 알게 되거든. 빨리 멋진 것을 만들고 싶어서 손가락이 근질거리지 않니?

전통적 방식 vs 디자인씽킹

우리는 오랫동안 전통적 문제 해결 방식에 따라 문제를 찾아내고 해결했어. 검증된 방법이 더 안전하다는 이유에서였지. 하지만 문제에 대한 접근법이 그것만 있는 건 아니야. 디자인씽킹Design Thinking이라는 방법도 있어. 내 혁신 과정의 '관찰'과 '제작' 단계가 여기에 속해.

디자인씽킹은 말 그대로 디자인적인 사고라는 뜻의 용어로, 종합적이면서 창의적으로 문제를 해결하는 방법을 가리켜. 최근 들어 전통적 방식보다 더 효율적이라고 여겨지며 크게 주목을 받고 있지. 그 이유는 무엇일까? 두 접근 방식의 차이를 알아보면 좋을 것 같아.

가정용 보안 시스템 장치로 예를 들어 볼게. 오작동이 생겨서 고객의 원성의 높은 상황이라고 가정하는 거야. 이 문제에 접근하는 전통적 방식은 직선적이고 단순해.

- ▶ **1단계 문제 인지** : 오작동이 있다는 고객의 불만이 회사에 접수된다.
- ▶ **2단계 정보 확보** : 고객의 불만 사항과 서비스 센터에서 보낸 정보를 확인한다. 장비 모델, 주거침입 및 화재 사고 여부 등.
- ▶ **3단계 범위 좁히기** : 원인을 세 가지로 가정한다. 센서 고장, 배선 오류, 사용자 과실(고객이 장비를 부적절한 장소에 설치했을 가능성). 과거에 동작 및 연기 감지에 비슷한 문제가 있었으므로 센서를 미세 조정한다.
- ▶ **4단계 해결 방안 개발** : 센서의 소프트웨어를 수정하고 고객의 장비를 모두 업데이트한다. 향후 출시할 상품에도 업데이트한 소프트웨어를 적용하기로 한다.

이 접근 방식에 대해 어떻게 생각해? 내가 보기에는 해결 방안이 충분하지 않은 것 같아. 고객의 문제를 일부 해결할 수는 있어도 여전히 빈틈이 많아 보이거든. 만에 하나 오작동이 아니라면? 센서가 반려동물을 사람으로 잘못 판단했다면? 고객이 정말로 센서를 엉뚱한 곳에 설치했을 수도 있지. 센서를 꺼 놓은 걸 깜빡하고 신고했을 가능성도 있고. 회사 입장에서는 합리적인 판단이었을지는 몰라도, 고객 입장에서는 회사가 제안한 해결 방안이 마음에 들지 않을 수 있어. 문제의 원인이 센서 탓이 아니라면 고객의 문제는 여전히 미해결로 남아 있게 되는 거잖아. 뭔가 대안이 필요해.

▶ **전통적 방식** : 문제를 해결할 때 가장 일반적으로 선택하는 방식이야. 문제를 선정하고 관련 정보를 최대한 확보한 뒤 해결 방안의 실현 가능성을 평가하지. 단순하고 직선적이며 체계적이야.

▶ **디자인씽킹** : 디자인씽킹은 전통적 방식만큼 단계적인 절차를 따르지 않아. 물론 디자인씽킹에서도 문제를 찾아내려 애쓰고 자료 확보역시 중요하게 생각해. 그렇다고 해서 제공받은 자료에만 의존하지는 않아. 오히려 디자인씽킹은 문제를 포괄적으로 바라보려고 애쓰

고, 광범위한 자료를 바탕으로 고객 관점에서 해결 방안을 고민해. 고객과 공감하는 게 우선이기 때문에 어떨 땐 문제 자체에 관심이 없어 보이기도 해. 그러나 회사는 불만 신고 내용과 더불어 발생 가능한 문제들을 모조리 목록에 작성하고, 틀에 박히지 않은 방식으로 문제를 해결하려 하지.

디자인씽킹의 방식으로 문제를 해결한다는 건 어떤 것일까? 종합적으로 이해하기 위해서, 먼저 디자인씽킹의 핵심 원칙부터 살펴보도록 해.

▶ **사용자와의 공감** : 디자인씽킹은 문제를 최종 사용자 관점에서 바라봐. 사용자 입장에서는 불만 사항을 잘 설명하지 못할 수 있고 자료를 충분히 제공하기 어려울 수도 있어. 명확하게 정리되지 않은 요구를 이해하고 모든 가능성을 고려하는 것은 문제 해결을 전문으로 하는 사람들의 몫이야. 마찬가지로 해결 방안을 개발할 때도 최종 사용자에게 가장 필요한 것이 무엇인지를 고려하지.

▶ **확산적이면서 집중적인 디자인** : 전통적 방식은 특정 문제를 고민하고 해결 방안을 고안해. 반면 디자인씽킹은 문제와 해결 사이에서 선택 사항을 최대한 많이 고려한 다음 해결 방안을 잠정적으로 모색하지. '잠정적'이라 하는 이유는 아직 해결 방안이 완성되지 않았기 때

문이야.

▸ **프로토타입 개발 :** 해결 방안을 결정하면 신속하게 프로토타입을 개발한 뒤, 타당성을 검증하고 사용자 반응을 확인해.

▸ **테스트, 실패, 재시도의 반복 :** 순차적으로 단계를 밟는 전통적 방식과 달리, 디자인씽킹은 제작, 테스트, 실패, 재시도 과정을 무한 반복해. 물론 그 중심에는 언제나 사용자가 있어. 디자인씽킹 기반의 해결 방법을 그림으로 나타내면 다음과 같아.

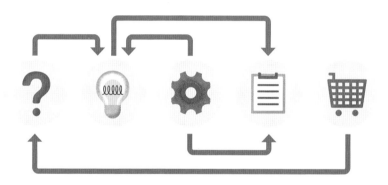

디자인씽킹의 핵심은 최종 사용자 입장에서 프로토타입을 지속적으로 개발하는 거야. 모든 가능성을 창의적으로 살펴봄으로써, 사용자의 기대를 뛰어넘는 해결 방안을 만들기 위해 노력하는 거지.

우리의 탐구 과정에도 디자인씽킹을 적용할 수 있어. 일단 어떤 문제를 다룰지 정하고 나면, 불가능해 보이는 방식들까지 접목해서 해결 방안의 영역을 넓히는 거야. 지금 우리 목표는 한계를 정하는 게 아니라, 그 반대로 한계가 없다고 믿고 끊임없이 가능성을 넓혀 나가는 데 있으니까. 제작과 재시도 과정을 반복하고 모든 가능성을 탐색하고 나면, 비로소 하나의 포괄적인 해결 방안을 결정할 수 있을 거야.

자, 그럼 디자인씽킹을 적용해서 보안 시스템 장치를 다시 생각해 보자. 기존 센서에 새로운 성능을 추가해 보면 어떨까? 사람과 반려 동물의 움직임을 구분할 수 있도록 말이야. 단순히 센서를 미세 조정하는 것보다 더 많은 효과를 거둘 수 있을 거야.

나는 혁신 과정에 디자인씽킹의 원칙을 참고했어. 쉽게 말해서 실용적인 해결 방안을 만들기 위해 생각의 폭을 넓힌 거지. 물론 우리가 아직 10대여서 자유롭게 시도하기는 어려울 거야. 프로젝트에 들어가는 비용과 시간을 마련하기가 쉽지 않으니까.

프로토타입 제작하기

우리가 제작 단계를 거쳐야 하는 이유가 뭘까? 제작은 아주 포괄적인 개념이야. 동시에 과학적 방법과 혁신 과정을 분명하게 구분해 주는 단계이기도 하지. 우리는 아이디어를 실제로 제작해 봄으로써 원하는 것이 무엇인지 정확하게 알 수 있어. 굳이 완벽하게 할 필요도 없어. 간단한 스케치나 프로토타입 제작만으로도 충분해.

프로토타입이란 아이디어를 물리적 형태로 전환하는 과정을 뜻해.

최종 결과물을 내기 전에 일종의 견본 내지는 시제품을 만들어 사람들이 직관적으로 이해할 수 있도록 돕는 거야. 도구도 간단해. 종이, 소프트웨어, 물리적 모형★, 또 이 외의 다른 것도 얼마든지 이용할 수 있어.

팁

아이디어 스케치는 빠르고 간단할수록 좋아. 그림을 완성하는 것보다 아이디어를 내는 쪽이 훨씬 중요하기 때문이야.

어느 도구를 선택해서 어떻게 만들지는 직접 선택하면 돼. 지금은 아이디어를 무리하게 확장하려 하지 말고 프로토타입 제작에 집중해야 해. 다시 강조하지만, 프로토타입은 거창할 필요도, 완벽할 필요도 없어. 원래 생각했던 모습이 아니라고 해서 실망하지 않아도 돼. 나중에 자세히 이야기하겠지만 우리에겐 재시도 과정이 있거든. 내 경우엔 프로토타입 제작 단계를 다음과 같이 나누었어.

★ **물리적 모형** : 실재하는 대상의 물리적 특성만 뽑아서 단순하게 만든 것을 말한다. 예를 들어 축구공은 완벽한 구 모양이 아니지만 구라고 가정하고 물리적인 접근 및 실험을 한다.

▶ 1. 소재 선택

▶ **2. 자, 이제 어떻게 하지?**

▶ 3. 조립

소재를 선택하는 일도 만만치는 않아. 당장 상점으로 달려가기도 어렵고, 우리 방에 기막힌 실험 도구가 갖추어져 있을 리도 없으니까. 그렇다고 해서 최첨단 3D 프린터나 레이저 절단기가 필요한 건 아니야. 먼저 재미있는 과제를 하나 내 줄게.

▶ 제한 시간은 2분. 옆방으로 달려가 네 가지 물건을 가지고 와 봐. 가격은 각각 1,000원 미만인 것으로 골라 줘. 예를 들면 클립, 종이, 연필, 압정 같은 것들.

다 가져왔니? 그럼 본격적으로 시작하기 전에, '자, 이제 어떻게 하지?'라는 질문에 대해 이야기해 볼게. 뜬금없는 질문처럼 보일 거야. 이런 잡동사니 몇 개로 뭘 하라는 이야기일까? 이런 걸로 뭘 만들 수 있지? 여기에 군이 대답을 하자면, 아무 계획도 할 필요가 없어. 사실 나도 규칙을 좋아하는 편이라 계획하지 말라고 하면 난감할 때가 있기는 해. 그러나 자연스러운 흐름에 맡길 때 더 좋은 결과가 나오기도 하잖아? 계속 이어서 해 보자.

▶ 잡동사니들을 조립해 10분 내에 뭐든 만들어 봐. 문제를 직접 해결하는 것이어도 좋고, 보기에만 그럴듯한 것을 만들어도 상관없어. 장난감을 만들어도 좋아.

'창작품'을 완성했니? 짧은 시간에 에너지를 마구 쏟아 낸 기분이 어때? 미리 계획하지 않은 채로 만들어서 결과가 실망스러웠니? 그럼 다음엔 어떻게 만들어 보고 싶어? (이 책을 읽는 분이 부모님과 선생님이라면, 아이들이 실망했을 때 어떤 방식으로 격려하고 다독여 주시겠어요?)

제작 단계에는 재시도라는 게 있어. 프로토타입이 만족스럽지 못하거나 문제를 해결하지 못한다면 처음부터 다시 만드는 거야. 이 과정을 반복함으로써 아이디어를 지속적으로 다듬어 나갈 수 있지. 그럼 다시 과제로 돌아가 볼까?

▶ 완성품을 해체해 줘. 아쉽더라도 나중에 또 만들면 돼. 이제부터는 잡동사니를 값진 금이라고 생각해 보자. 금으로 또 다른 값진 것을 만들어 보는 거야. 아무거나, 마음 내키는 대로 해도 상관없어.

우리는 지금 막 과제를 성공적으로 수행했어. 두 차례의 제작 과정을 경험했으니까. 이런 경험은 혁신 여행 어디에든 적용할 수 있을 거야.

오른쪽 그림은 사이버 폭력 방지 앱, 카인들리의 첫 도안이야. 지금하고는 차이가 있을 거야. MIT의 앱 개발 프로그램으로 만든 최초의 프로토타입이고, 역시 10분도 채 안 되는 시간에 완성했어. 내 앱을 어떤 식으로 만들지 대략적으로 생각해 본 거야.

다음 사진은 납 오염 검출 장비, 테티스의 첫 번째 프로토타입이야. 제작에 약 15분 정도 걸렸고, 집을 뒤지다가 휴지통에 있던 블루투스 스피커 상자를 꺼내 와서 만들었어.

특징 정하기

좋아, 지금쯤 각자 프로토타입을 만들었거나 적어도 프로토타입에 대한 아이디어를 떠올렸을 거야. 이제부터는 프로토타입의 설계 원칙, 특징, 기능에 대해 이야기할게. 조사 단계에서와 마찬가지로 아이디어를 구체화할 수 있어.

팁

조사 단계에서 이미 설계 원칙에 대해 생각해 본 적 있어. 행렬 표에 아이디어를 적는 연습을 해 봤잖아. 이 방식을 활용해서 이번에는 프로토타입 설계 원칙을 정해 보자.

먼저 프로토타입의 기본적인 설계 원칙을 예시로 보여 줄게.

▶ **편이성**

▶ **정확성**

▶ **신속성**

▶ **경제성**

▶ **휴대성**

사용자에게 중요한 순서대로 나열해 보았어. 아마도 상위 2개의 조건이 혁신과 해결 방안의 핵심 기능일 가능성이 크겠지. 나머지는 사용자의 편리함만을 고려한 항목이니까. 각자 이 설계 원칙을 참고해서 어떤 점에 집중하여 프로토타입을 만들고 싶은지 다시 한번 생각해 봐.

다음으로 프로토타입의 특징이란, 우리의 아이디어를 독특하게 만들어 주는 요소라고 할 수 있어. 그러니 어떤 구성으로 만들지 고민을 잘 해야겠지. 워터 슬라이드를 예로 들어 볼까? 워터 슬라이드의 기본 특징은 다음과 같을 거야.

▶ 미끄럼틀
▶ 미끄럼 방지 계단
▶ 보호난간
▶ 온수 장치
▶ 착지판

이렇게 특징을 정리하면, 다른 워터 슬라이드와 비교해서 어떤 점이 훌륭하고 독특한지 알 수 있어.

마지막으로 프로토타입의 기능에 대해서 알아보자. 작동 원리와 목적을 생각해 보는 거야. 쉽게 말해서 특징이 '무엇'을 이야기한다면, 기능은 '왜'와 '어떻게'에 대한 이야기야. 워터 슬라이드의 기능은 아래와 같아.

▶ **미끄럼틀** : 첨단 플라스틱으로 만들어 부드럽고 속도감 있는 미끄럼을 즐길 수 있게 도와준다.

▶ **미끄럼 방지 계단** : 스테인리스강 코팅을 해서 미끄럼틀까지 안전하게 오를 수 있다.

▶ **보호난간** : 미끄럼틀 양쪽에 설치된 금속 장치로 미끄럼 속도를 늦추거나 빠르게 해 준다.

▶ **온수 장치** : 수영장 내부에 설치하여 놀이를 안락하게 즐길 수 있도록 한다.

▶ **착지판** : 길고 넓은 고무판으로, 미끄럼 속도가 빨라도 안전하게 착지할 수 있게 한다.

각자 아이디어의 특징과 기능이 어떠하면 좋을지 한번 생각해 봐. 어쩌면 사이버 폭력을 예방하는 서비스인 카인들리를 참고해도 좋을 것 같아. 카인들리는 앱이어서 조금 다를 수 있지만 기본 규칙은 동일해. 다들 눈치챘겠지만 다음 그림은 홈 화면 초기 스케치야. 생각을 구체화하려면 스케치보다 좋은 방법이 없어.

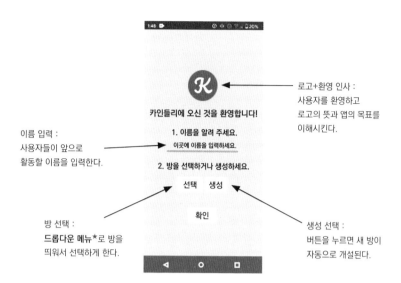

로고+환영 인사 :
사용자를 환영하고
로고의 뜻과 앱의 목표를
이해시킨다.

이름 입력 :
사용자들이 앞으로
활동할 이름을 입력한다.

방 선택 :
드롭다운 메뉴*로 방을
띄워서 선택하게 한다.

생성 선택 :
버튼을 누르면 새 방이
자동으로 개설된다.

혁신을 도와주는 신기술

우리가 사는 세상은 참 흥미로워. 매일같이 첨단 기술이 쏟아지면서 우리를 둘러싼 환경이 크게 바뀌고 있잖아. 그 덕분에 우리도 무언가를 손쉽게 만들어 낼 수 있게 되었지.

'아직도 발명하고 혁신해야 하는 것들이 많아.'

나는 종종 이런 생각을 해. 우리가 세상을 더 낫게 바꾸기 위해 문제를 제기하는 한 계속 그럴 거야. 지금껏 놀라운 발견과 발명이 많

★ 드롭다운 메뉴 : 컴퓨터 화면의 버튼을 클릭하거나 터치하면 숨겨져 있던 하위 메뉴가 나오는 방식의 메뉴.

았지만, 우리도 혁신을 이루어 내기 위해서는 유용한 신기술에 대해서 알아볼 필요가 있어.

▶ 5G 무선통신

초고속 무선 광대역통신망 기술에 대해 알아볼까? 무선 기술은 현재 전화기와 소형 컴퓨터에 많이 쓰이고 있지만, 전선이 필요 없다는 점에서 여전히 잠재력이 커. 지금 우리 집은 광섬유 케이블을 이용하고 있는데, 대역폭과 통신망 속도가 개선된다면 미래에는 모두 무선통신을 이용할 거야.

현재의 표준 이동통신인 4G의 경우 이전 세대보다 크게 개선되었음에도 실시간으로 소통하기엔 다소 늦는 감이 있어. 그러나 얼마 전에 시작된 후속 기술 5G는 실시간에 가까운 20Gbps(초당 기가비트) 속도를 제공해. 지연이 거의 없는 통신 덕분에 앞으로 인터넷은 더욱 빨라지고 영상 화질도 좋아지겠지. 얼마 안 있어 5G는 거의 모든 미래 기술에 영향을 미칠 거야.

의료계 원격 수술을 예로 들어 볼까? 미래에는 전 세계 어디에서든 전문의의 수술을 원격으로 받을 수 있게 돼. 아직 통신 속도가 아주 빠르지는 않아서 의사의 동작과 환자의 반응 사이에 작지만 심각한 지연이 있을 수밖에 없어. 위험한 수술이라면 찰나의 지연도 치명적인 결과를 낳을 수 있기 때문에 원격 수술은 거의 동시에 이루어져야 해. 그러나

5G의 속도 지연은 0에 가까워질 예정이므로 즉각적인 통신이 곧 가능해질 거야.

이뿐만 아니라 회의에 참석하거나 화상 통화를 하는 대신 홀로그램을 활용하는 것도 가능해지지. 아무도 없는 회의실에 모두가 참석해 있는 장면을 상상해 봐. 그 밖에도 대용량 정보의 수신 및 분석이 훨씬 효율적으로 이루어질 거야.

▶ **나노 기술**

나노 기술은 지난 10년 동안 크게 발전해서 지금은 가장 혁신적인 기술로 손꼽히고 있어. 나노 기술은 10억 분의 1미터인 나노미터 크기의 입자를 합성 및 조립해서 다양한 소재와 제품을 만드는 데 쓰여. 의학, 재료 과학, 화학 등, 다양한 분야에서 더 저렴하고 안정적인 대안이 되고 있지. 나노 소재는 모양이 다양해. 평면 모양의 그라펜과 구형의 풀러렌은 노벨상 수상을 이끈 신소재야. 원통형의 탄소나노튜브, 원뿔형의 탄소나노콘은 모양이 독특하고 다른 원소와의 결합력도 우수해서 다양하게 활용될 수 있어. 특히 탄소나노튜브는 암체어, 카이랄 등의 구조를 지니고, 원자가 발생하는 방식에 따라 단일벽과 다중벽으로 나뉘는 등 종류가 무척 많아서 실험 가능성도 무궁무진해. 흥미롭게도 어떤 결합을 하느냐에 따라 특성이 바뀌니까 여러 가지 특정한 문제를 해결하는 데 활용될 수 있지.

탄소 나노 구조는 독특한 방식으로 기능해. 탄소 특유의 탁월한 전도율을 취하면서도, 특정한 모양으로 배열하면 그 특성이 폭발적으로 강화되지. 특히 도핑이라는 기술을 이용하면 활용도가 크게 높아져. 도핑은 불순물을 첨가하는 기술인데, 특정한 원소를 활용해서 나노 구조의 탄소 원자들을 대체하는 거야. 그 과정에서 탄소나노튜브의 전기적 특성이 바뀌는데, 이때 나노 구조의 특성 변화를 이용해서 여러 제품을 개발할 수 있어. 예를 들어 질소, 붕소, 수소 같은 불순물을 결합시키면 전기적 특성이 강화되어 센서를 만들 수 있어. 과거엔 비용이 막대하고 합성이 어려웠던 탓에 엄두도 내지 못했던 신기술이지.

나노 기술은 바이러스보다 작은 봇bot을 개발하는 데도 쓰일 수 있어. 특정 세포를 목표로 한 질병 치료에 활용할 수 있지. 암부터 바이러스성 감염까지 수많은 병을 치료할 수 있을 테니, 어쩌면 팬데믹의 미래는 나노 기술에 달려 있을지도 모르겠어.

▶ 데이터와 데이터 분석의 힘

사람들은 매일 100경(1,000,000,000,000,000,000) 바이트의 데이터를 생성해. 그중 90퍼센트 가까이가 지난 2년간 만들어졌어. 우리가 만들어 낸 데이터, 기계가 생성한 데이터, 분석이 필요한 정보…… 오늘날 인류는 데이터에 둘러싸여 살고 있어.

오늘날 해석학, 즉 데이터 분석은 수년 전만 해도 상상하지 못했던 질문을 던지고 미래의 시나리오를 상상하게 해 줘. 과거 데이터를 발굴해서 시대의 흐름과 경향을 읽은 덕분에 우리는 미래에 대한 통찰력을 얻게 되었어. 예를 들어 의학사를 분석하면 암 치료법이 어떻게 진화해 왔는지 알 수 있을 뿐만 아니라, 새로운 진단 기법을 도출할 수도 있어. 이렇듯 데이터 알고리즘을 활용하면 그동안의 역사적 자료와 설계를 바탕으로 미래가 어떻게 변화할지 예측할 수 있어. 과학적 혁신은 말할 것도 없이 공공 정책, 사회간접자본, 지역사회 및 보건 분야 개발도 얼마든지 가능해져. 데이터 분석은 바로 다음에 이야기할 인공지능과도 긴밀한 연관이 있어.

오늘날에는 클라우드★ 기반의 기술 업체 덕분에 데이터 수집과 운용이 쉬워졌어. 기술과 장비도 충분하기 때문에 누구나 데이터 분석을 쉽게 배우고, 또 직접 할 수도 있어.

▶ **인공지능**

20세기의 기계는 반복 작업을 수행하는 데 그쳤어. 그러나 인공지능AI이 등장하면서 기계도 인간처럼 생각하고 판단을 내리게 되었지. 상상해 봐. 지금껏 인간의 능력과 경험에 의지했던 것들을, 머지않아 인공

★ 클라우드 : 인터넷상에 마련한 개인용 서버에 각종 문서, 사진, 음악 따위의 파일 및 정보를 저장하여 두는 시스템.

지능이 하나하나 대체하는 모습을. 인공지능은 인간의 역사를 학습해서 최선의 선택을 제공할 거야.

바로 앞에서 데이터 분석에 대해 이야기했는데, 인공지능은 학습 알고리즘을 통해서 향후 어떤 일이 발생할지 예측하고 또 어떻게 조처해야 할지 판단해. 예를 들어 인공지능이 내 기호를 분석해서 식당을 추천해 주었다고 하자. 별로 마음에 들지 않는다고 피드백을 했더니, 인공지능이 다음에는 내 입맛에 꼭 맞는 식당을 추천해 주었어. 이렇게 인공지능은 꾸준히 학습을 해서 우리의 작업과 의사 결정을 쉽게 만들어 줘.

몇 년 전 '사물 인터넷'이란 말이 유행한 적 있어. 일상에서 사용하는 사물들이 서로 연결되어 정보를 교환한다는 뜻이야. 자율 주행차에 대해서 들은 적 있지? 사물 인터넷 시대는 이미 와 있어. 데이터 분석, 인공지능, 초고속 통신망이 결합해서 차량, 도구, 장비들이 서로 대화하고 지적인 결정을 내리고 있지. 그 흐름은 점점 확대될 거야.

▶ **가상·증강 현실**

의자에 앉아서 어디든 갈 수 있다면 어떨까? 그랜드캐니언처럼 광활한 곳도 좋고, 랩톱 회로판의 조밀한 배선 틈도 상관없어. 또, 프로토타입을 제작할 때 재료를 마음껏 조립하고 부수고 실험할 수 있다면 어떨 것 같아? 가상현실의 가능성은 이렇게나 무궁무진해. 실제 세계의 속성을 그대로 흉내 내어 만든 디지털 세계니까.

컴퓨터 처리 속도, 그래픽, 시각 도구 등이 발달하면서 과학소설에서만 접하던 가상현실을 실제로 즐길 수 있게 되었어. 가상현실은 그동안 게임에서 주로 쓰였지만 이제는 우리의 생활 속으로 무게중심이 옮겨 가고 있어. 의사들은 가상현실로 안전하게 수술 연습을 하고, 난해한 질병을 탐구하거나 인체의 수수께끼들을 밝힐 수 있게 되었지. 기술자나 수리 기사들도 고장난 부분을 확대해서 볼 수 있으니까 더 나은 서비스를 할 수 있게 되었고. 이제는 전 세계 사람들이 가상현실에서 만나고 함께 일할 수 있어. 실제 세계에서 불가능했던 일에도 도전할 수 있지. 가상현실을 이용하면 비용도 절감할 수 있고 환경을 훼손할 일도 없어. 무엇보다 과거에는 상상도 못 했던 방식으로 문제를 해결할 수 있지.

증강 현실AR은 가상현실의 조미료 같은 거야. 가상현실을 보완하거나 확대할 수 있어. AR 카메라를 예로 들어 볼게. 도시 광장을 카메라 뷰파인더로 보면 가게, 카페, 거리 등 주변 사물을 확인할 수 있어. 거리 이름도 알고 싶고, 상점에서 어떤 물건을 파는지도 궁금하다고? 그럼 AR 스위치를 켜면 돼. 화면 위로 거리 이름이 띄워지고, 판매 물건의 정보나 고객 평가 등도 볼 수 있게 되지. 가까운 피자 가게가 어디 있는지도 알려 줘.

두 기술이 우리에게 어떤 기회와 가능성을 가져다줄지 상상이 가니? 이제는 공장에서도 작업자에게 AR 안경을 줘. 어떤 부분을 어떻게 고쳐야 하는지 바로 알 수 있거든. 비용이 많이 드는 실수가 나올 염려도 없고, 장기간의 훈련 프로그램도 필요하지 않아. 의사들도 AR 안경을 쓰면 환자의 해부학적 구조를 실시간으로 보면서 쉽고 안전하게 수술할 수 있어. 이보다 강력한 도구가 또 어디 있을까 싶어.

▶ 유전학 · 유전공학

근대 유전학의 창시자 그레고어 멘델이 유전법칙을 발견한 이래, 생물 특성을 결정짓는 유전자에 대한 연구는 꾸준히 이어졌어. 특히 지난 20년간 유전학 · 유전공학 연구가 크게 발전했어. 인간을 비롯한 유기체의 유전암호를 밝혀내면서 유전자를 세포 단계에서 조작할 수도 있게 되었지.

지난 수백 년간 사람들은 전통적인 방식으로 아픈 원인을 진단하고 통증을 치료해 왔어. 하지만 이런 방식이 늘 효과적일 수는 없었어. 환자가 증상을 깨닫지 못하거나 유전병일 경우에는 큰 소용이 없었지. 모든 질병과 통증을 치료할 수는 없었고 어떤 치료는 그 효과가 일시적이었으니까. 그러나 유전공학, 계산 유전체학, 유전암호 등 유전자 기반의 기술을 활용하면 기본적인 진단이 가능하고 치료 가능성도 크게 높아져. 특히 크리스퍼캐스9, 캐스12a 효소 기반의 가정용 진단 키트와 유전자 가위 편집 기술이 개발되면서 새로운 시대가 열렸고, 사람들의 뜨거운 관심을 받고 있어.

유전자로 조상을 찾고 건강 상태를 진단하는 것도 새로운 사업 모델로

각광을 받고 있지. 아직은 겨우 시작 단계에 불과해. 유전자를 활용하면 진단과 치료 분야가 무한대로 발전할 수 있어. 연구소와 대학에서 연구도 활발하게 이루어지고 있지. 그러나 윤리적으로 매우 민감한 연구이기 때문에 결과는 대중에게 공개하고 있어.

유용한 도구

지금까지 우리는 아이디어 내는 과정을 무수히 반복했어. 이제는 실제로 뭔가를 직접 만들고 싶어졌을 거야. 그 전에 먼저 아이디어 현실화를 도와줄 전문 도구들을 살펴보자. 물론 이런 개념들을 충분히 이해 못 한다 해도 상관없어. 앞으로 더 발전하고 싶을 때를 대비한 참고 자료에 불과하니까. 더 자세히 알고 싶으면 온라인을 검색해봐. 참고할 만한 소재, 지침, 학술 자료가 얼마든지 있어.

▶ 마이크로컨트롤러와 마이크로컴퓨터

신제품이나 해결 방안을 개발하려고 하면 자동화, 센서, 전기장치, 전파 등의 기술이 많이 필요해. 모터, 태양전지, 전기회로 같은 기계적인 해결 방안이 필요하다면, 우리도 인쇄회로 기판에 부품을 납땜해서 제작할 수 있어. 몇 년 전까지만 해도 이런 방식이 일반적이었어. 커다란 프로젝트를 진행할 때는 부품 개발 같은 기초 작업부터 일일이 다 신경 써야 했지. 그러다 보니 특정한 장치나 신기술에 집중하는 대신 부품 조립에 많은 시간을 투자해야 했어. 그렇게 해도 마음대로 되지 않고 툭하면 고장이 나 버리곤 했어.

그러나 지난 몇 년간 기술은 급격하게 발전했어. 요즘엔 소형, 휴대용, 비용 절감형 기계가 주목을 받고 있어. 센서나 논리 기반의 부품을 사용자가 직접 제어하고 동시 조작을 할 수 있는 방향으로 나아가고 있지. 덕분에 설계가 유연해지고 실패를 해도 별로 큰 부담이 없어졌어. 해결 방안의 개선을 위한 혁신적인 아이디어도 풍부해졌고. 또한 다양한 종류의 디스플레이, 접속형 센서, 블루투스나 와이파이 기반의 무선통신이 기본으로 제공되지. 손대기 어려운 하드웨어 내장형 기기와 다르게 사용자가 직접 프로그래밍 하는 것도 가능해.

이런 제품은 일반적으로 마이크로프로세서★를 이용한 마이크로컨트롤러★와 마이크로컴퓨터 범주에 속해. 가장 일반적으로 많이 쓰이는 장치는 애드어프룻Adafruit, 아두이노, 라즈베리파이Raspberry Pi가 있어. 다음 표는 세 장치의 특징을 정리한 거야. 이 표를 참고해서 각자 창의적으로 응용하면 더욱 좋을 거야.

★ 마이크로프로세서 : 초소형 연산장치.

★ 마이크로컨트롤러 : 마이크로프로세서와 입출력 모듈을 하나의 칩으로 만들어 정해진 기능을 수행하는 초소형 컴퓨터. 주로 반도체에 쓰인다.

	애드어프룻	아두이노	라즈베리파이
특징	마이크로컨트롤러. 정보의 흐름을 통제하며, 센서용 내장 포트 탑재	단일 보드 마이크로컨트롤러★. 애드어프룻과 호환되며, 일부 모델은 기능이 더 다양함	마이크로프로세서, 리눅스 OS 기반의 멀티스레드 기능 탑재. 이더넷, 비디오, 오디오 통합 지원
용도	데이터흐름의 통제, 단일 기능 실행, 저전력 블루투스 및 와이파이 통신이 필요한 작동	단순 반복 작업, 하위 계층의 하드웨어 접속, 저전력 블루투스 및 와이파이 통신	다기능 실행, 하드웨어 · 고전력 유틸리티 및 대용량 저장 통합 지원
사용 불가	다기능 실행, 빠른 처리능력, 웹 어플 활용 및 제어	이미지 처리, 실시간 네트워크 통신, 데이터 저장, 내장 메모리 처리 같은 복잡한 연산 처리	단순 처리 기능만 필요해서 대용량 메모리나 운영 시스템이 없어도 되는 경우 사용할 필요 없음

★ 단일 보드 마이크로컨트롤러 : 하나의 인쇄회로 기판에 조립된 마이크로컨트롤러. 시간과 노력을 많이 들이지 않고 쉬운 앱 개발이 가능해서 교육용으로 널리 쓰인다.

예를 들어, 온도 센서가 있는 장치를 만든다고 가정해 보자. 시간별로 온도를 측정하는 등의 간단한 기능을 추가하고 싶다면, 애드어프룻과 아두이노 같은 마이크로컨트롤러를 이용하면 돼. 만약 사진을 촬영하고, 이미지를 처리하고, 데이터를 저장하고, 보고서를 만드는 등의 복잡한 일을 하려면 라즈베리파이 같은 고사양의 연산장치가 적합하지. 하지만 프로토타입을 한 가지의 마이크로컨트롤러나 컴퓨터로만 만들 필요는 없어. 서로 다른 마이크로컨트롤러를 함께 사용해도 좋고, 컨트롤러들을 묶어 완전히 다른 기능을 만들어 낼 수도 있거든. 처음에는 코딩이 어려워 보이겠지만, 자료를 찾아보고 관련 서적을 살펴보면 얼마든지 기초를 다져 나갈 수 있어.

▶ **무선통신**

요즘엔 무엇을 개발하든지 휴대성을 강조해. 어떤 도구나 제품이든 가지고 다니면서 활용할 수 있어야 한다는 거지. 따라서 무선통신이 가능해야 하는데, 그러려면 장시간 지속 가능한 전력원이 반드시 있어야 해. 와이파이 무선통신 기술은 유용하긴 하지만 전력 용량이 작은 휴대용 도구엔 적합하지 않아. 이에 반해 블루투스 무선통신 기술은 대부분의 장치에 지원되기 때문에 휴대용 도구에 활용되기에 적합해. 일반 블루투스는 전력의 효율성이 낮은 편인데, 다행히 요즘에는 저전력 블루투스BLE 같은 경량 프로토콜을 내는 업체가 많아. 다른 방식으로 프로그래밍 하는 방법도 배워야겠지만, 어쨌든 지금으로선 BLE가 빠르고 가벼운 무선통신을 하기 위한 좋은 대안이야. 외장 블루투스를 부착하거나, 내장 BLE와 마이크로컨트롤러를 사용하면 다른 외부 장치에 연결시키는 것도 가능해.

▶ 모바일 앱

해결 방안이 쓸모 있으려면 기능도 물론 좋아야 하지만, 인터페이스★가 사용자 편의적이고 접근성도 좋아야 해. 모바일 앱이 해결 방안으로 최적인 이유도 그래서야. 휴대폰을 사용하는 사람들은 이미 앱 사용법에 익숙하니까. 휴대폰과 인터페이스 이야기를 하고 있지만 휴대폰이 없는 사람들도 많아. 특히 저개발 국가 국민들이 그렇지. 그 경우 소형 LCD 스크린, 조광 램프, 음향 같은 대안 인터페이스로 효과를 대신할 수 있어.

모바일 인터페이스를 구축하기로 마음을 정했다면 모바일 앱 개발 방법을 배워야 해. 전문 개발자처럼 안드로이드나 애플 iOS의 기술과 언어를 기반으로 앱을 만들기는 쉽지 않아. 하지만 그 정도의 고사양 앱이 아니라 한두 기능 정도의 저사양 앱을 만들어도 괜찮다면 쉬운 대안이 있어. MIT의 앱인벤터2와 성커블 같은 모바일 앱 개발 프로그램이야. 이 툴이 혁신적인 이유는 스크래치 같은 프로그래밍 언어를 이용해서 코딩을 하지 않아도 간단한 드래그 앤드 드롭★만으로 복잡한 모바일 앱 개발을 가능하게 했다는 점이야. 앱인벤터2가 안드로이드 앱만 지원하는 반면, 성커블로 개발한 앱은 개방형 플랫폼이므로 안드로이드와 iOS 모두에 적용 가능해. 물론 한계도 있어. 모바일 앱 개발이 간단한 반면, 기능은 기본적이고 대표적인 몇 가지밖에 없거든. 대부분 그 정도로 충분하지만, 부가 기능과 제어장치를 원한다면 따로 프로그래밍을 배워야 해.

▶ 3D 인쇄

프로토타입에 덮개나 방수 케이스 따위가 필요하면 3D 프린터를 사용해 봐. 아직 낯설게 느껴질지도 모르겠지만 3D 인쇄는 이제 신기술로 자리를 잡아 가고 있어. 나도 3D 프린터를 활용하여 프로토타입을 여러 차례 제작했는데 깔끔하고 마감도 훌륭했어. 3D 프린터로 좋은 모형을 만들려면 디자인이 쉽고, 반복 인쇄가 가능해야 해. 최적의 모형을 만들려면 방법을 조금씩 바꿔 가며 여러 번 시도하는 게 좋아. 3D 모델링★을 위한 몇 가지 팁을 제안할게.

★ 인터페이스 : 사용자인 인간과 컴퓨터를 연결하여 주는 장치. 키보드나 디스플레이 따위를 이른다.

★ 드래그 앤드 드롭 : 아이콘을 다른 아이콘 위에 포개어 놓음으로써 처리 내용을 지정하는 조작 개념.

★ 3D 모델링 : 컴퓨터상에서 3차원 이미지의 기본 골격 및 입체적인 물체를 생성하는 작업.

- **1. 참고와 개조** : 처음 3D 모델링 작업을 해 본다면, 기본 모델링 파일을 참고해서 용도와 필요에 맞게 바꾸는 게 좋아. 웹 사이트 싱기버스Thingiverse 또는 핀셰이프Pinshape를 살펴봐. 기존 디자인을 사용하기로 결정했다면, 제작자에게 고마움을 표하는 것을 잊지 마!
- **2. 초보자를 위한 3D 모델링** : 처음에는 정육면체와 사각형같이 기본 도형을 포함한 단순 설계부터 시작해 봐. 조금씩 연습하다 보면 나중에는 복잡한 모양도 설계할 수 있겠지. 모델링 작업에 능숙해지면 제품 제작에도 도전할 수 있어.
- **3. 여러 개의 파일 준비** : 다양한 아이디어가 떠오르면 여러 기능을 추가하고 싶어질 거야. 그 경우 컴퓨터에 3D 파일을 몇 개 저장해 놓으면 좋아. 인쇄 가능한 모델링 파일은 하나 정도 확보하고, 보다 다양한 기능의 파일 한두 개를 추가하는 거지.

3D 모델링 작업이 어렵게 느껴질 수 있어. 하지만 잘 배워 둔다면 우리의 꿈을 현실로 만들어 줄 거야. 설계를 마쳤다면 어려운 부분은 끝난 거야. 아이디어를 구현하는 일이 쉽지는 않겠지만 초보자용 소프트웨어와 도구를 구해서 활용해 봐. 그럼 조금씩 자신감을 얻게 될 거야.

3D 모델링의 다음 단계는 슬라이싱과 실제 인쇄인데 보기보다 어렵지는 않아. 슬라이싱이란 모델링 한 언어를 3D 프린터가 이해할 수 있도록 바꿔 주는 작업을 말해. 3D 프린터가 얇은 원반 모양을 한 층씩 쌓

아 올리는 식으로 조형하기 때문에 '얇게 썰어 낸다'라는 의미의 슬라이싱이라는 이름을 붙인 거야. 슬라이싱 단계가 끝났다면 실제 인쇄를 해 봐야겠지. 여러 가지 선택 사항이 있어.

- **1. 공공 프린터** : 요즘은 3D 프린터를 갖춘 도서관도 많이 있어. 대부분 슬라이싱 소프트웨어도 설치되어 있지. 간단히 파일을 업로드한 뒤 인쇄를 실행하면 돼.
- **2. 외부 업체** : 슬라이싱, 인쇄, 배달 등 모든 과정을 알아서 해 주는 업체가 있어. 3D 파일(확장자 stl)을 업로드하면 인쇄에 마감까지 해서 2주 정도면 배달해 줘. 파일 업로드도 간단해.
- **3. 주변** : 3D 프린터를 직접 구매할 수도 있지만 가격 부담이 커. 그보다 동네 커뮤니티를 검색하거나 지인에게 부탁해 보는 건 어떨까? 3D 프린터를 통째로 빌리지 않더라도 간단한 설계 인쇄 정도는 허락해 줄지도 모르잖아. 좋은 슬라이싱 소프트웨어를 구입하면 인쇄 품질을 높일 수 있어.

지금까지 우리의 혁신 활동을 도와줄 유용한 도구들을 소개했어. 처음에는 어려워도, 끈질기게 하다 보면 어느새 익숙해지고 다루기도 쉬워질 거야. 절대 포기하기 않기로 해.

공부

해결 방안에 센서가 필요하면 센서를 사용하는 방법을 찾으면 돼. 마찬가지로 마이크로컨트롤러가 필요하면 아두이노나 라즈베리파이를 쓰면 돼. 나도 테티스를 만들기 위해 마이크로컨트롤러 코딩을 독학해서 익혔어. 내가 할 수 있다면 당연히 누구나 할 수 있어. 인터넷에 자료도 많이 있어. 단지 시간과 노력이 필요할 뿐이야. 이런 기술을 잘 다루게 되면 어려운 문제들을 해결하는 데 집중할 수 있어. 혁신과 문제 해결에 방해물이 있다면 상상력의 한계뿐일 거야.

지금까지 설명한 기술과 도구들을 결합하면 보건, 교육, 미래 도시, 제조, 요리 등 모든 분야에 응용할 수 있을 거야. 기회가 있을 때마다 관련 자료를 찾아 읽어 봐. 첨단 기술과 관계를 맺고 해결 방안을 강화하는 꿈을 꾸는 거야. 책이나 자료에서 정보를 찾아 기록하는 습관도 기르는 것이 좋아. 밑줄을 치고, 형광펜으로 표시하고, 아이디어를 기록하다 보면 읽는 동안 저절로 몰입이 되니까.

팁

처음부터 신기술을 많이 활용하려고 하지는 마. 서두를 필요 없어. 마음의 준비가 되었을 때 이 책을 참고해서 차근차근 공부해 나가면 돼.

제작에 유전자, 세포 등 복잡한 배경지식이 필요하면 여러 매체에서 제공하는 기초 강의를 들어 보는 것도 좋아. 나는 탄소나노튜브를 이해하기 위해 나노 기술 강의를 들었어. 그렇다고 오랜 시간에 걸쳐 이론 수업을 받을 필요는 없어. 너무 복잡해서 이해하기 어려울 경우 선생님이나 부모님, 다른 어른들에게 도움을 부탁해. 그럼 훨씬 받아들이기 쉬울 거야. 내 경우에는 엄마가 나노 소재 기업을 찾아 소개해 주신 덕에 공장 견학도 하고 탄소나노튜브의 화학적 공정을 배울 수 있었어. 아빠도 나를 위해 간단한 영상 몇 개를 찾아 주셔서 이온과 공유결합★에 대해서 쉽게 배울 수 있었지. 주기율표를 암기할 필요도 없었어. 거기까지만 이해해도 연구하는 데 충분했으니까.

테스트하기

프로토타입을 제작해 놓고도 테스트를 외면하는 경우가 있어. 테스트는 무척 지루하지만 혁신 과정에서 제일 중요한 단계야. 해결 방안의 목표와 기능을 제대로 확인하는 단계거든. 제작 단계에서 개선할 점이 있는지 확인하는 일은 아이디어를 고안하는 과정만큼이나 중요해. 제대로 실행되지 않는다면 아무 소용이 없으니까. 먼저 다음 질문에 대답해 보자.

★ 공유결합 : 한 쌍 이상의 전자를 함께 공유하여 이루어지는 화학결합.

- ▶ 테스트하려는 대상은 어떤 종류인가?
- ▶ 집에서도 테스트가 가능한가? 아니면 실험실이 필요한가?
- ▶ 전문가의 도움이 필요한가?

테스트에 실패하면 모든 걸 잃어버리는 기분이 들어. 오랜 시간을 투자한 아이디어들, 그렇게 해서 얻어 낸 답들이 아무 소용도 없는 것처럼 느껴지거든. 혁신은 끝내 이루지 못한 채 능력 없는 사람이 되어 버린 것만 같지.

테티스의 경우에도 그랬어. "탄소나노튜브를 어디에서 찾지?", "탄소나노튜브를 어떻게 목표에 맞게 조작할까?" 같은 질문에 대답하지 못하면서 막다른 골목에 다다랐으니까. 내가 한 질문들이 도리어 나를 협박하는 것 같았어. 에피온을 개발할 당시, 단백질 발현 변이 실험을 꼭 해야 했지만 어떻게 시작해야 할지 몰라서 머뭇거리다 몇 년을 보냈어. 다행히 맥머레이 박사님과 연락이 닿았고 그분이 친절하게 나를 이끌어 주셨어. 십여 차례의 시도 끝에 마약성 진통제 수용체와 효모균 결합에 성공해서 테스트까지 거칠 수 있었지.

하루이틀 고민해서 해결될 문제가 아니라면, 어른에게 도움을 요청하는 것도 좋아. 상품을 홍보하듯이 해결 방안에 대해 잘 설명하고 어떤 지원이든 받아 내는 거야. "안 돼!"라는 말에 실망해선 안 돼. 아이디어 현실화가 어렵다는 대답을 들어도, 절대 굴하지 말고 설득할 말을 잘 다듬어서 다시 찾아가야 해.

만약 어른들에게 손을 내밀지 않겠다면 스스로 알아서 하는 방법을 찾아야겠지. 그럴 경우 다음 질문들이 도움이 될 거야.

▶ 집에서 무엇을 만들 수 있는가?

▶ 시뮬레이션 기술이나 소프트웨어를 이용할 수 있는가?

▶ 부분적으로라도 내 가설을 확인할 수 있는가?

▶ 지금까지 만든 물건을 임시 모형으로 활용할 수 있는가?

팁

아이디어 상태에서도 탐구 자금을 모금하거나 장학금 신청을 할 수 있어. 그 돈으로 아이디어를 현실화하고, 다른 기관과도 협업하여 제품으로 개발해 보는 거야!

과학자의 스냅사진

테이트 슈록

콜로라도주 시골에서 온 학생으로, 고향에 도움을 주는 일을 하고 싶어 해. 테이트는 가족 농장에서 자라면서 토양 분석이 까다로운 과정이라는 사실을 깨달았어. 특히 경작지가 넓은 경우엔 더 그랬어. 테이트는 코딩 기술을 이용해서 토양을 효율적으로 분석하는 토양 탐침기를 만들었어.

다음 이야기

지금까지 어떤 문제로 사람들이 곤란을 겪는지 파악하고, 그 문제를 해결하고자 프로토타입을 제작해 보았어. 하지만 여기에서 멈출 수는 없어. 세상에 공유하고 선보이지 않으면 해결 방안을 아무리 내놨자 의미가 없으니까. 혁신 과정의 마지막 단계에서는 탐구 결과를 세상에 소개하는 이야기를 할 거야. 특히 경쟁은 우리의 업적을 보여주고 지지와 지원을 얻는 좋은 방법이야. 각종 매체를 이용해 메시지를 전달할 수도 있지. 다음 장에서는 효과적인 소통 방법에 대해 알아보자.

이름 _____ 반 _____ 날짜 _____

4단계 — 제작 작업 일지

순서대로 작업 일지를 작성하시오.

1. 기본 스케치

초안 1

초안 2

2. 활용 가능한 재료

▶ 어떤 재료를 확보해 두었는가?

_____

_____

▶ 어떤 재료가 필요하다고 생각하는가?

_____

_____

3. 특징과 기능 정의하기

▶ 각자 구상한 프로토타입의 특징과 기능을 다섯 가지씩 기록하시오.

특징 :

_____

_____

기능 :

_____

_____

▶ 어떤 기술이 가장 흥미로운가? 자신의 프로토타입을
  발전시키기 위해 어떤 기술을 사용하고 싶은가?

■ 5G 무선통신   ■ 모바일 앱
■ 나노 기술   ■ 3D 인쇄
■ 데이터 분석   ■ 센서
■ 인공지능   ■ 유전공학
■ 가상·증강 현실   ■ 기타
■ 마이크로컨트롤러와 마이크로컴퓨터

▶ 이 기술(들)에 관심 있는 이유는 무엇인가?

_____

_____

_____

_____

_____

_____

_____

7장

5단계 — 소통

'무대 공포증'이라고 들어 봤니? 무대에 오르기 전, 혹은 누군가에게 말을 건네기 전에 배 속이 거북해지고 식은땀이 나는 것 말이야. 어쩌면 이 글을 읽는 독자들 중에서도 이런 공포증을 갖고 있는 사람이 있을지 모르겠어. 이 장에서는 막연한 두려움에서 벗어나 편하게 아이디어를 공유하는 요령을 소개하려고 해.

관찰, 조사, 제작까지 고된 작업이 끝나고, 결과물을 세상과 공유할 때가 됐어. 이제 다른 사람들과 소통하며 지금까지 해 온 작업을 보여 줘야 해. 피드백을 받아서 개선할 점을 찾는 것도 소통의 일부라고 할 수 있어.

어떤 식으로 사람들과 소통하느냐고? 무엇이든 우리가 하기 나름이지만, 내가 생각하기에 아이디어를 제일 효과적으로 공유하기 좋은 방법은 발표 같아. 보통은 슬라이드 쇼를 사용해서 발표를 하고 질의응답 시간을 가져. 노래를 만들어서 들려주는 것도 좋은 방법이고. 아이디어를 전할 수만 있다면 어떤 방법이든 좋아.

앞에서도 이야기했듯이 어릴 때부터 부모님은 나를 익숙하지 않은 곳에 보내셨어. 처음에는 불만도 있었지만 그 덕분에 지금의 나로 성장했다고 생각해. 나 역시 대중 앞에서 이야기하는 것이 두려웠지만, 지금은 거의 매일같이 그 일을 하고 있어. 두려움을 이기려면 결국 두려움과 맞서야 한다는 사실을 깨달았기 때문이야. 나는 2학년 때부터 대중을 상대로 말할 기회가 많아져서 토스트마스터스라는 클럽에도 가입했어. 대중 연설과 소통 기술을 훈련하는 클럽인데 내가 최연소 회원이야. 지금은 오히려 연설이 제2의 본성이 된 것 같아. 대중 앞에 서는 것도 너무 즐겁거든. 소통은 생각보다 두려운 일이 아니야. 어떻게 생각하면 신나는 놀이에 가까워.

발표 기술

학교에서 발표를 하거나 심지어 장기 자랑을 할 때도 무대 공포증을 느낄 수 있어. 누구나 겪는 고민이지만 두려움을 극복하지 않으면 안 돼. 내가 대중 앞에서 발표하거나 연설할 때 크게 도움을 받은 방법을 알려 줄게. 이 방법을 이용하면 어떻게 말(S-P-E-A-K)하면 좋을지 요령을 익힐 수 있을 거야. 짧은 연습 방법도 덧붙였어.

▸ S — 소리(Sound) : 너무 크지도 작지도 않게 목소리의 음량을 조절해 봐. 그래야 청중들이 정확히 알아들을 수 있어.

`연습` 연설을 녹음해서 들어 봐. 어떻게 들리는 것 같아?

▸ P — 자세(Posture) : 자세는 중요해. 두 손을 만지작거리지 말고 허리를 펴고 똑바로 서야 해. 자신감 있는 자세가 행동에도 영향을 미치고, 무대 공포증을 없애는 데 도움을 준다는 연구 결과가 있어.

`연습` 화장실이나 거실의 거울을 보며 이렇게 이야기해 봐.
"제 이름은 [   ]입니다. 오늘 아침에는 [   ]을 먹었습니다."
거울 속 자신의 모습이 어떻게 보이는 것 같아? 자신감 있어 보여?

▸ E — 눈 맞춤(Eye contact) : 상대방을 똑바로 쳐다봐야 해. 상대방이 한 명이라면 되도록 눈을 맞추고, 두셋 정도의 무리라면 적어도 한 번씩 모두와 시선을 교환하거나 사람들의 이마를 바라보며 말해야 해. 대규모 청중 앞에서는 계속 앞뒤를 주시하며 그들이 내 이야기에 집중할 수 있도록 해야 하지.

`연습` 주변 사람과 시선을 마주치는 연습을 해 봐. 상대의 눈을 보며 아침에 무엇을 먹었는지 이야기해 보는 거야. 시선 집중에 실패하면 다른 사람을 찾아도 좋고, 아니면 같은 사람을 상대로 다시 눈 맞춤을 시도하는 것도 좋아. 그렇게 청중의 수를 조금씩 늘려 봐. 몇 명을 상대로

할 때가 가장 어려웠는지 기억해 둬.

▶ A ─ **발음(Articulation)** : 발음을 정확히 해서 듣는 사람들이 잘 이해하도록 해야 해. 때로는 빠르게, 때로는 느리게 속도 조절을 하면서 말끝을 흐리지 않도록 조심하자.

연습 친구나 가족 세 명을 선택해서 아침에 무엇을 먹었는지 이야기해 봐. 그런데 한 명한테는 빠르게, 다른 사람에게는 느리게 말하는 거야. 그리고 세 번째 사람한테 말할 때는 발음을 정확히 하는 데 신경을 써 보자. 반응이 어떻게 달라? 누가 제일 정확하게 이해했어?

▶ K ─ **지식(Knowledge)** : 자신이 발표할 내용을 제대로 이해한 사람은 말할 때 당당해 보여. 발표를 반복해서 연습하면 좋고, 카드에 발표 내용을 적어서 가끔씩 보면서 말해도 돼. 주요 내용 앞 글자를 따서 내용을 외우는 방법도 효과적이야.

연습 책을 한 권 고른 다음 아무 쪽이나 펼쳐 봐. 최대한 많은 부분을 암기한 뒤 친구나 가족을 상대로 외운 내용을 들려줘. 어때? 생각보다 어렵지? 그래도 계속하다 보면 암기 실력이 늘 거야.

(선생님들께 : 학교에서 이런 암기 놀이를 해서 분위기를 띄운 만든 다음 발표회를 시작하면 더욱 좋을 거예요!)

S-P-E-A-K 연습이 자신감 향상에 도움이 되었기를 바라. 대중 앞에서 발표하는 법에 대해 알아보았으니, 이제는 또 다른 과제를 소개할게. 소통 능력을 키우는 동시에 창의력도 기를 수 있을 거야.

팁

누구나 실수를 하게 마련이고, 누구나 조금씩은 무대 공포증이 있어. 그래도 불안하다면 심호흡을 하고 속으로 천천히 셋까지 세어 봐. 잊지 마. 자신의 아이디어와 발표는 다른 사람보다 뛰어나다는 걸!

영상과 글

대중 앞에서 아이디어를 발표할 기회가 생겼고, 발표할 내용도 모두 다 정리했다고 가정해 보자. 그럼 이제 내 아이디어를 효과적으로 보여 줄 수 있는 무언가가 필요하지 않을까?

가장 먼저 영상을 준비하는 방법이 있어. 내가 생각하기에 영상은 매우 효과적인 정보 전달 방법 같아. 특히 멘토에게 피드백을 구할 때 활용하면 좋아. 여기 영상을 만들 때 참고하면 좋을 팁을 알려 줄게.

▶ 영상은 짧게.

▶ 시각 효과를 주어서 사람들의 시선을 끌 것.

▶ 내용은 간단하고 명료하게.

영상을 만들 때 꼭 지켜야 할 조건들이야. 나는 3~4분 분량으로 애니메이션을 활용해서 영상을 만들어. 그리고 가능한 한 곧바로 본론을 설명하려고 해.

스스로가 직접 만든 영상은 무엇과도 바꿀 수 없는 소중한 보물이 되어 줄 거야. 교실에서, 과학기술경진대회에서, 과학 동아리에서 영상을 공유하고 사람들의 조언을 들어 봐. 자신감을 가져도 돼. 내가 만든 것이니까 나만큼 잘 아는 사람은 없잖아. 자기 작품과 아이디어가 최고라고 생각해야 사람들을 설득할 수 있어.

두 번째 방법으로 문서로 정리하는 방법이 있어. 요즘 나는 논문 쓰기를 배우고 있는데, 솔직히 말해서 내 최대 약점이야. 그동안 만든 자료를 모두 불태워 버리고 싶을 정도야. 그러나 형식이 훌륭하고 간결한 그래프와 좋은 분석이 담긴 논문은 꼭 필요해.

팁

전문가나 멘토의 답변이 필요할 경우 영상이 제일 효과가 좋아. 영상을 이용하면 글이 없어도 주제를 쉽게 전할 수 있거든. 게다가 이메일 내용이 짧아질 테니 답변자의 부담도 줄어들지 않을까?

누구와 소통할 것인가

언젠가 인도에서 편지가 하나 왔어. 에너지 효율성 향상에 대해 탐구하려고 하는데, 어떻게 하면 관련 자료를 구할 수 있는지 묻는 내용이었지. 편지를 쓴 학생이 사는 곳이 시골이어서 자료를 구하기가 어려운 모양이었어.

나는 그 학생에게 절대 포기하지 말고 할 수 있는 한 최선을 다해 보라고 답장을 썼어. 또, 아이디어를 종이에 써서 정리하는 것만으로도 훌륭하지만, 요즘은 인터넷이 발달했으니까 가능하다면 조언을 구하는 영상을 만들어서 가까운 대학이나 에너지 관련 기관에 보내 보라는 제안도 덧붙였지. 지원이 필요하면 외부의 관심을 끌어내야 하고, 그러려면 무엇보다 다른 사람들과 소통하는 것이 중요하다고 이야기해 주었어.

이건 내 책을 읽는 독자들에게 꼭 하고 싶은 말이기도 해. 학교뿐만 아니라 외부에서 지원을 받고 싶다면, 학교 선생님을 비롯해서 다른 어른들에게 적극적으로 도움을 청해 봐. 나를 이끌어 줄 누군가는 반드시 나타날 거야. 지금 그 학생이 어떻게 하고 있는지는 모르겠지만 이것 하나만큼은 확실해. 누군가가 내 성과를 알아줄 때까지 가만히 기다리다가는 늦어.

나는 수질 전문가들과 테티스에 관해 이야기하는 것을 좋아해. 화학물질 오염이라면 누구보다 관심이 많은 분들이니까 그분들도 이런 주제를 흥미로워하지. 물론 주민들과도 많이 소통을 하려고 노력해. 테티스를 쓸 사람들은 결국 평범한 가족 구성원들이니까. 에피온의 경우에는 내과 의사나 의학 연구자들과 아이디어를 공유하려고 노력해. 약물중독은 의학계에서도 광범위하게 연구되는 주제여서 여러모로 도움을 받을 수 있거든. 카인들리에 대해서는 내 또래 친구들이나 교육 관련 종사자들과 어떻게 아이디어를 키워 나가면 좋을지 의견을 나누곤 하지.

아이디어에 대해서 누구와 이야기할지 판단만 잘해도, 아이디어를 성공적으로 현실화할 가능성은 그만큼 커져. 그러니 이야기할 상대를 잘 찾아서 신중하게 접근해 보자. 운이 좋다면 양질의 피드백을 얻을 수 있을 뿐만 아니라, 나에게 기꺼이 투자를 하거나 함께 일하고 싶어 하는 사람들을 만날 수 있을 거야. 단계마다 조언을 아끼지 않는 사람들을 만날 수도 있고.

자, 이렇게 우리는 막 혁신 과정을 마쳤어. 힘든 여정이었겠지만 좋은 경험이 되었기를 바라. 지금까지 노력한 것만으로도 충분히 멋지고 가치 있는 일이야.

과학자의 스냅사진

크리티크 라메시

크리티크는 복잡한 척추 재건술을 공부하면서 쉽게 익힐 수 있는 방법이 없을까 고민했어. 그래서 컴퓨터 비전★ 시스템과 기계 학습★을 활용해 실시간 수술용 내비게이션을 개발했지. 지금도 꾸준히 전 세계 학생들에게 과학에 대한 열정과 흥미를 북돋우는 활동을 하고 있어.

다음 이야기

지금까지 효율적으로 소통하는 방법들에 대해 알아보았어. 우리는 이제 공식적으로 혁신 과정을 마쳤어. 남은 것은 멘토를 찾거나 탐구

★ **컴퓨터 비전** : 인공지능의 연구 분야 중 하나. 컴퓨터를 사용하여 인간의 시각적인 인식 능력을 재현하고, 영상으로부터 의미 있는 정보를 추출하는 방법을 연구한다.

★ **기계 학습** : 인공지능의 연구 분야 중 하나. 인간의 학습 기능을 컴퓨터에서 실현하고자 하는 기술 및 기법을 말한다. 딥 러닝이 기계 학습의 대표적인 학습법이다.

보고서를 작성하거나 창작품에 멋진 이름을 붙이는 것……이라고 생
각했겠지만, 아직은 아니야. 혁신 과정에는 생각보다 많은 것이 숨어
있거든. 다음에는 실패를 어떻게 받아들일지에 대해 이야기해 볼 생
각이야. 실패와 재도전은 우리가 혁신 활동을 하면서 반드시 거쳐야
하는 단계니까.

이름 _____ 반 _____ 날짜 _____

 5단계 ─ 소통 작업 일지
순서대로 작업 일지를 작성하시오.

1. S-P-E-A-K(소리, 자세, 눈 맞춤, 발음, 지식) 이해하기

▶ 말하기 연습을 되새기며 다음 질문에 답하시오.

• 연습을 마친 후 기분이 어땠는가?

_____

• 어느 부분이 좋았는가?

_____

• 아쉬웠던 점은?

_____

• S-P-E-A-K 중에서 가장 자신 있는 것은?

_____

• 다음에는 어떤 부분을 개선하고 싶은가?

_____

2. 60초 영상 촬영하기

▸ 60초 영상에 담을 내용의 핵심을 몇 개 기록하시오.

_____

▸ 영상 제작에서 무엇을 배웠는가? 개선하고 싶은 것이 있었는가?

_____

3. 60초 영상 공유하기

▸ 녹화한 영상을 어떤 식으로 친구들에게 공유할 것인가?
예, 아니요로 대답하시오.

- 보충 설명을 하고 싶은가?   예 / 아니요
- 혁신 여행에 대한 메시지를 간단히 포함하겠는가?   예 / 아니요
- 짧은 연극을 만들어 공연하고 싶은가?   예 / 아니요
- 청중의 참여 기회를 만들 것인가?   예 / 아니요

_____

_____

▸ 자신의 혁신 경험을 3개의 단어로 표현해 보시오.

_____

8장

실패와 재시도

이제 다 끝났을 거라고 생각했을 테지만, 아직 단계가 하나 남아 있어. 음, 새로운 것을 배우는 단계는 아니야. 그보다는 단계를 처음으로 돌리는 쪽에 가깝지. 대체 무슨 소리냐고? 바로 끝없는 반복, 재시도에 관한 이야기야.

어떤 일을 계속 반복하다 보면 영원히 끝나지 않는 과제처럼 느껴지기도 해. 그렇다고 해서 세상이 무너졌다고 여길 필요는 없어(물론 가끔 그런 기분이 들기는 하지만). 오히려 크든 작든 아이디어에 긍정적인 변화를 주는 과정이라고 생각해 봐. 누구나 최고의 결과물을 만들어 문제를 해결하고 싶어 하잖아. 그래야 지금껏 노력한 것을 인정받을 수 있으니까. 어쩌면 바로 그 이유 때문에 우리가 괴로움을 이겨 내며 계속 도전하는 건지도 몰라.

지금까지 내가 잘 언급하지 않으려고 한 것이 있어. 사실 우리가 어떤 과정을 되풀이하거나 아예 아이디어를 바꿔야 할 때는, 당연하게도 실패를 했을 때야. 실패하는 이유는 천차만별이야. 예를 들어 누군가가 비슷한 생각을 하고 있다거나(이와 관련된 이야기가 바로 다음에 나와), 아이디어 자체가 말이 안 되는 거였을 수도 있지. 내가 찾은 문제가 애초에 아무 문제도 아닌 거였을 수도 있고, 알고 보니 더 나은 해결 방안이 이미 존재하고 있을 가능성도 있어. 최악의 경우 아이디어 현실화가 아예 불가능할지도 모르지. 그렇다고 실망할 필요는 없어. 말 그대로 그냥 다시 하면 돼. 원래 아이디어보다 더욱 멋지게 만드는 거지. 실패가 없으면 발전도 없어.

테티스도 원래는 덩치가 큼지막한 장치였어. 하지만 어느 순간 너무 무거우면 안 되겠다는 생각이 들었고, 나는 결국 조사 단계로 되돌아갔어. 크기를 줄일 방법을 고민한 끝에 작고 가벼운 휴대용 기기를 만들어 냈지. 문제를 깨닫지 못했다면 지금의 테티스는 사람들이 쉽게 사용할 수 있는 모습이 아니었을 거야.

팁

실패는 혁신 여행 어디에서든 경험할 수 있어. 위대한 아이디어일수록 실패의 가능성도 높아. 내 생각의 오류나 실수의 상당수는 테스트 단계에서 드러났어. 프로토타입 성능에 자신이 없다 해도 포기하지 말고 테스트 단계까지 밀어붙여 봐. 테스트 단계야말로 실수를 반복하는 단계니까.

모험 정신

　재미있는 개념을 하나 소개해 볼게. 바로 모험 정신이야. 위험을 무릅쓰고 도전할 때 우리는 크게 성장할 수 있어. 내게 있어 모험 정신은 구명 밧줄이야. 나는 그 밧줄을 붙잡고 어떤 일이든 도전하려고 하지. 하지만 언제나 실패할 가능성이 있다는 것도 알고 있어.

　나는 세 살 때 피아노를 처음 배우게 되었는데, 사실 그다지 내키지 않았어. 너무 어려워 보였거든. 그렇지만 눈을 딱 감고 해 보기로 했어. 음악 선생님은 가운데 도가 어디에 있는지 알려 주신 다음 내게 한번 쳐 보라고 말씀하셨어. 그런데 내가 너무나 긴장한 나머지 그만 파를 누르고 만 거야. 나는 너무 당황해서 다시는 피아노를 치지 않겠다고 마음먹었어. 시작부터 망쳐 버린 것 같아서 기분이 좋지 않았지. 그렇지만 부모님은 내게 다시 한번 해 보라고, 마음만 먹으면 얼마든지 할 수 있다고 말씀하셨어. 한참을 망설인 끝에 알겠다고 대답했지만, 이번에도 망치면 정말 그만두겠다는 조건을 달았어. 부모님은 그러라고 하셨고, 나는 2주 동안 가운데 도를 누르는 것만 연습했어. 그래서 다음 수업 시간에는 의기양양하게 웃으면서 아주 쉽게 가운데 도를 눌렀지. 실패를 딛고 일어서는 법을 배운 거야. 그 이후로 나는 11년 동안 꾸준히 피아노를 연주했어. 내 경험이 별것 아닌 것처럼 보일 수 있지만, 작은 위기라도 일단 이겨 내면 자신감이 생기고, 그걸 바탕으로 추진력을 얻을 수 있어. 이제는 음을 잘못 누른다 해도 이내 호흡을 가다듬고 어떻게든 올바른 음을 찾아낼 거야.

5학년 때의 일이야. 지상 배치형 레이저가 조종사의 시선을 방해한다는 이야기를 우연히 듣고 아이디어를 떠올렸어. '메타 물질★을 이용해 레이저광선을 흡수하면 어떨까?' 나는 조사를 거쳐 소통 단계에서 제안서를 쓰기 시작했어. 그런데 통계자료를 검토하다 보니, 바로 하루 전에 비행용 메타 물질 관련 논문이 발표되었던 거야! 당연히 망연자실하고 말았지. 완전히 포기할 생각도 했어. 그런데 문득, '그럼 어때? 내가 더 잘 만들면 되잖아?'라는 생각이 드는 거야. 그리고 2주 후, 훨씬 강력한 아이디어를 고안해 냈지. 이번에는 하버드대학 논문을 참고했어. 루비듐★ 원자로 빛을 흡수 및 방출시켜 광속을 늦출 수 있다는 내용이었어. 나는 신이 나서 해당 분야의 교수님께 편지를 보냈어. 그 이론을 레이저광선에도 적용할 수 있는지 알려 달라고 부탁드렸지. 반 친구들과 스템 클럽 친구들에게 말했더니 다들 아이디어가 좋다고 얘기해 줬어. 그리고 교수님으로부터 고마운 답신도 받았어. 그런 식으로 획기적인 응용이 가능하다는 내용이었어.

★ 메타 물질 : 자연에 존재하는 물질의 원자 배열과 구조를 인공적으로 바꿔 새로운 특성을 가지도록 만든 물질이다. 빛이나 음파를 굴절시키는 신소재 연구가 활발한데, 대표적인 분야로 투명 망토, 박막 렌즈 등이 있다.

★ 루비듐 : 원자 번호 37, 은백색의 알칼리금속 원소. 빛을 받으면 쉽게 전자를 내놓는 성질이 있어 광전기 장치 등에 많이 사용된다.

내가 들려준 이야기는 예시에 불과해. 중요한 것은 절대 포기하지 않는 거야. 아무리 어려운 과제여도 꾸준히 하다 보면 돌파구가 생겨. 우리의 최종 목표는 문제를 해결해서 세상을 더 낫게 만드는 것이란 사실을 잊지 마. 정치가이자 인권 운동가인 넬슨 만델라는 이렇게 말했어.

"내가 이룬 업적으로 나를 판단하지 말라. 내가 무수히 실패했지만 그때마다 다시 일어났다는 사실로 평가해 달라."

우리는 아이디어를 완성하고 사람들에게 공유까지 마쳤어. 이제 처음부터 관찰, 브레인스토밍, 조사, 제작, 소통 단계를 다시 되돌아보자. 수정이 필요할 수도 있고, 어쩌면 모두 휴지통에 버리고 다시 시작해야 할 수도 있어. 그럼 그렇게 하면 돼. 좋은 해결 방안을 개발하는 데 시간이 조금 더 들어간다고 해서 누가 뭐라고 하겠어? 어쩌면 살짝 고치는 것만으로 아이디어가 더 탄탄해질 수 있잖아. 내가 그린 스케치, 모은 자료, 마무리한 연구가 최선의 해결 방안으로 보인다고? 그렇다고 해도 여기서 탐구를 멈추지는 말자. 도전에 끝이란 없으니까.

나는 내가 만든 것에 의미를 부여하기 위해 늘 이름을 지어 줘. 특히 그리스신화를 좋아해서 신들의 이름을 따서 붙이곤 하는데, 그러면 마치 올림포스산에 와 있는 기분이 들어. 각자 직접 고안한 아이디어나 제작한 물건에 이름을 붙여 봐. 이것을 만드는 데까지 멘토,

선생님들의 도움이 있었을 거고, 지원해 준 사람들도 많았을 거야. 하지만 무엇보다 우리 자신이 흥미를 느끼고 뛰어들어서 직접 결과물을 만들어 낸 거잖아. 끝까지 포기하지 않고 여기까지 온 것을 스스로 기념해 봐.

다음 이야기

여기까지 함께 와 주다니 정말 고마워. 다음 혁신 여행에서는 최종 결과물을 세상에 알리는 것에 대해 이야기할 거야. 그리고 경쟁에 참여해서 인지도를 높이고, 협업하는 법에 대해서도 구체적으로 알아보자.

혼자라면 아무것도 못 하지만 함께라면 뭐든지 가능하다.
— 헬렌 켈러

3부 실행하라

홍보하기

지금까지 우리는 여러 단계를 거쳐 프로토타입을 만들었어. 이제는 사용자와 세상을 설득할 차례야. 내 경우에는 어떻게 사람들에게 알리면 좋을지 먼저 정리를 해 봤는데 효과가 있었어. 목표는 되도록 작게 잡는 편이 좋은 것 같아. 다음 내용을 참고해 봐.

▶ 사회적으로 영향력 있는 사람들을 설득할 것인가? 아니면 나 자신이 활동가가 되어 문제를 알릴 것인가?

▶ 프로토타입을 완성하여 상품화를 하고 싶은가?

▶ 투자자를 찾고 싶은가? 기업과 협력하여 설계나 제조를 진행하고 싶은가?

▶ 대학과 접촉해 전문가의 지도를 받고 싶은가?

▶ 결과물을 더 테스트해 보고 싶은가? 소규모 테스트라도 해결 방안을

실용화하는 데 도움을 주고, 좋은 경험이 된다.

▶ 목표가 비슷한 단체와 협업하여 홍보 활동을 할 것인가?

▶ 탐구 자금을 모금하고 싶은가? 혹은 직접 자비를 들여서 진행할 생각
  이 있는가?

관계 맺기

아이디어를 가지고 무엇을 할 것인지, 어떻게 대중의 관심을 끌어 낼지 정하는 것이 중요해. 요즘에는 우리의 성취를 세상에 알리고 도움을 끌어낼 방법이 정말 많아. 예를 들어 세계적인 강연회 플랫폼인 테드TED를 이용하는 방법이 있을 거야. 테드 강연, 테드 티브이, 테드x 지역 행사 등에서 우리의 이야기를 공유할 수 있지.

나는 카인들리를 개발하면서 전 세계가 이어져 있다는 것을 실감할 수 있었어. 인공지능 기술을 제대로 이해하지 못해서 막다른 골목에 다다랐을 때였어. 고민 끝에 마이크로소프트에 도움을 요청했는데, 회사에서 기꺼이 교육을 지원해 주었어. 나중에 마이크로소프트의 CEO 사티아 나델라 님을 찾아가 나 같은 아이에게 지원을 해 주어서 고맙다고 인사도 드렸어. 이 이야기를 통해 내가 하고 싶은 말은 이거야. 우리가 손을 내밀면 도와줄 기관도, 개인도 얼마든지 가까이 있다는 것.

카인들리의 기능 프로토타입을 만든 후 나는 더 많은 사람들에게

알리고 싶었어. 그래서 포브스이그나이트라는 단체와 협업을 시작했어. 포브스이그나이트는 범세계적 변화를 모색하는 기관으로, 신학기가 시작될 때 교사와 학생이 서로 관계를 잘 맺을 수 있도록 도와주는 운동을 펼치고 있어. 여기서 카인들리를 활용하는 건 아니었지만 추구하는 목표가 비슷해서 나도 함께할 수 있을 거라고 생각했어. 이처럼 나와 아이디어나 목표가 비슷한 단체를 찾는 것은 좋은 방법이야. 내가 제기한 문제에 대해 더 많은 사람들이 관심을 갖게 될 수 있거든.

결과물을 공개하기 전, 특허 가능성을 따져 지적재산권을 확보하는 것도 생각해 봐. 변리사를 만나도 좋고 직접 특허권을 공부해도 괜찮아. 일단 가출원을 신청해 놓는 것도 방법이야. 나중에 개발 가능성을 확신하면 그때 정식 출원을 준비하면 돼. 무엇보다 배경 조사를 철저히 하고, 전문가와 함께 출원 신청서를 검토해야 실수를 줄일 수 있을 거야.

팁

사람들에게 전달하고 싶은 메시지를 다듬어 봐. 그리고 '소통' 장에 나오는 팁을 활용해서 직접 소통하고 정보를 공유해 봐.

사람들에게 알리는 방법은 이 밖에도 여러 가지가 있어. 내가 지금 껏 활용한 방법은 아래와 같아.

- ▶ **블로그와 브이로그** : 나는 최근 유니세프와 협력해서 카인들리를 홍보하고 인터넷 보안에 대해 경각심을 알리는 글을 블로그에 올렸어. 유튜브에 브이로그 영상을 올리는 방법도 좋아.
- ▶ **이벤트 개최 및 참여** : 출시 이벤트를 열어서 사용자들의 반응을 확인하자. 자금이 부족하다면 지원금을 신청해 봐.
- ▶ **사설 투고** : 청소년 잡지에 사설을 써 보는 것도 좋아. 지역신문이나 뉴스 매체도 환영.
- ▶ **학교** : 선생님에게 요청해 수업 시간이나 조회 시간에 아이디어를 발표해 봐.
- ▶ **지역 행사** : 지역 마이크로소프트 대리점에 연락해서 디지걸즈 행사에 참여하고 싶다고 요청한 적이 있어. 디지걸즈는 여중생들에게 소프트웨어 교육을 무료로 제공하는 행사야. 나는 남성 중심적인 디지털 분야에 여학생들이 많이 참여하도록 독려하고 싶다고 말했어. 그러는 동시에 여학생들을 위한 3D 인쇄 강의도 진행했지. 이 외에 어린이 청소년을 위한 과학 프로그램에도 자주 참여해서 내 아이디어를 공유했어.

여기 적은 건 극히 일부에 불과해. 사람들에게 우리의 아이디어를 알릴 방법은 얼마든지 있어. 이어서 소셜 미디어의 세계에 대해서도 이야기해 보자. 소셜 미디어에서 활발하게 활동하는 인플루언서들은 대중들에게 큰 영향을 미치고 있지. 우리는 어떻게 하면 더 많은 사람들에게 다가갈 수 있을까?

소셜 미디어를 통한 전파

부모님은 나더러 소셜 미디어에 너무 많은 시간을 할애하지 말라고 하셔. 그래서 하루 한 시간 미만으로 사용을 제한하고, 이런 규칙을 정해 주셨어. 소셜 미디어를 '좋아요' 숫자를 늘리는 데 쓰지 말고, 새로운 지식을 배우거나 메시지를 전하기 위한 수단으로 활용하라고 말이야. 주말이나 여름방학 땐 내 마음대로 하라고 하시지만, 나는 스스로 조심하려고 노력해. 소셜 미디어는 제대로 쓰지 않으면 오히려 시간 낭비가 될 수 있으니까. 15분만 하려고 했다가 수다를 떠느라 두 시간을 쓴 적도 있어. 그래서 나는 소셜 미디어 사용 규칙을 스스로 정했어.

▶ 나를 응원하는 사람들에게 감사하자.

▶ 좋은 말을 할 자신이 없으면 아무 말도 쓰지 말자.

▶ 친구들 말에 동의하지 않는다면 개인적으로 이야기하자. 공개적으로

하지 말자.

▶ 고결한 품성과 인간성을 추구하고, 지위나 부를 좇지 말자.

소셜 미디어에 글을 쓸 때 내가 존중받으려면 먼저 다른 사람에게 친절해야 해. 어떻게 '확실한CLEAR' 메시지를 전하면 좋을지 함께 생각해 보자.

▶ C - 깨끗한가(Clean)?

▶ L - 명료한가(Lucid)?

▶ E - 적절한가(Edited)?

▶ A - 타당한가(Agreed)?

▶ R - 공손한가(Respectful)?

이 방식을 개발한 이유는 온라인 글을 최대한 쉽고 정확하게 전달하기 위해서야. 우리의 메시지가 '확실한지' 자문해 볼 필요가 있겠지? 괜찮다는 확신이 섰을 때 글을 올리는 것이 좋아.

깨끗한가?

상대방 기분을 상하게 할 말은 쓰지 말아야 해.

명료한가?

글이 이해하기 쉬운지 살펴봐. 표현이 적절하고 오해받을 소지는 없다는 확신이 들어?

적절한가?

메시지는 반드시 교정을 거쳐야 해. 원하는 바를 정확히 표현하고, 누군가에게 상처 주는 말을 하지는 않았는지 확인해 봐. 교정은 아무도 해치지 않으니까.

타당한가?

가능하다면 한 명 이상의 또래에게 글을 보여 주고 의견을 구해 봐. 여의치 않을 경우엔 친한 친구가 이 글을 읽는다고 가정해 봐.

공손한가?

가장 중요한 사항이야. 마지막으로 메시지가 공손한지 살펴보자.

이 방법을 활용하면 어떤 메시지를 보내든 사람들에게 존중받을 수 있어. 그러니 우리 모두 온라인에 글을 올리기 전에 다시 한번 확인하자.

10장

아이디어로 경쟁하기

"혁신을 하는 데 경쟁이 왜 필요해?"

이렇게 의아해하는 사람이 있을 거야. 맞아, 적절한 질문이야. 나도 처음엔 그렇게 생각했어.

많은 사람들이 경쟁하는 것을 꺼려. 실패할 가능성이 높기 때문이지. 지난 6~7년간 내가 제일 두려워한 것도 실패였어. 실패는 사람의 의지를 꺾어서 우울함에서 벗어나는 것도, 다시 시작하는 것도 어렵게 만드니까. 실패가 너무 두려워서 아무것도 하지 않고 버틴 적도 있어. 아마 다들 남의 이야기 같지 않을 거야. 조금이라도 잘못되면 세상이 끝날 것 같은 기분이 들지. 하지만 지금의 나는 경쟁이 너무도 필요하다고 생각해. 아이디어에 추진력을 더해 주고, 마감일을 정해서 아이디어를 벼릴 수 있게 해 주거든.

경쟁하는 이유

과학기술경진대회 같은 경연 대회는 내 결과물을 더욱 개선시킬 수 있는 최고의 기회야. 뚜렷한 목표를 제시하고 동기를 부여해 주거든. 원래 탐구나 프로젝트 개발은 지루한 작업이야. 괜히 미적거리다가 과제에 밀려 우선순위에서 벗어나 버릴 때가 많지. 하지만 그게 경쟁이 된다면 이야기가 달라져. 목표가 있기에 회피할 수도 없어. 그저 밀고 나가는 수밖에.

우리는 경쟁을 통해 또래 친구들의 작업을 확인하고 그로부터 배울 기회도 얻게 돼. 이런 경험은 다음 대회에 참가할 때 큰 자산이 되지. 그리고 경쟁에 참여하는 순간 큰 도전이나 작은 도전이나 똑같이 중요해져. 경쟁에 뛰어드는 이유는 대부분 거액의 상금과 인정을 받고 싶은 마음 때문이지만, 사실 나는 작은 대회를 더 좋아해. 내 꿈은 창의적인 해결 방안을 만들고 그것을 사람들과 공유하는 거야. 규모가 작은 대회는 어떻게 해결 방안을 전파하고, 사람들의 생각을 자극할지 고민할 기회를 줘. 그러나 대규모 대회라면 경쟁의 압박 때문에 이런 생각을 하기가 쉽지 않아.

자, 그럼 어떻게 경쟁에 참여하면 될까? 내 경험을 바탕으로 참고할 만한 내용을 정리해 보았어.

▶ 관심 분야를 목록으로 만들고, 어떤 형식으로 신청서를 제출할지 생

각해 봐. 영상, 문서, 파워포인트 등.

▶ 관심 분야의 대회를 인터넷으로 찾아봐. 지난해 나는 도로가 어떻게 건설되는지 궁금증이 생겼고, 교통관리나 신호 등에 대해서도 자세히 알고 싶어졌어. 구글을 검색해 보니 마침 도로교통건축협회에서 주관하는 학생 영상 콘테스트가 있었어. 대회에 참여하면서 마을 교통정책 담당자와 인터뷰를 했고, 덕분에 새로운 내용을 많이 배울 수 있었지.

▶ 새해나 학년 초에 참가를 원하는 대회 목록을 시기별로 작성하고 신청 마감일과 대회 성격도 미리 정리해 두자. 이것만으로 준비의 절반은 끝난 셈이야.

팁

어떤 일을 즐기고 싶다면 그 일에 몰두하는 게 최선이야. 경쟁도 마찬가지야. 흥미를 금세 잃는 이유는, 고작 일주일 동안 무슨 일을 해낼 수 있겠느냐 하는 의심이 들기 때문이야. 그러나 할 수 있는 일은 분명히 있어. 그러니 흥미를 잃지 말고 열심히 참여해 보자.

자금 확보하기

혁신 과정에는 돈이 필요해. 소재, 자료, 도구…… 대부분이 고가의 물건들이거든. 예를 들어 내가 에피온을 만들기 위해 약물중독 연구를 할 때 마약성 진통제에 특화된 항체가 필요했는데 그 가격대가 200~300달러 수준이었어. 한 주제로 연구를 계속하고 싶으면 자금을 어떻게 마련할지 고민해야 해.

현재 나는 다양한 대회와 프로젝트 수행으로 자금을 조달하고 있는데, 경험으로 미루어 보건대 제일 좋은 방법은 아이디어로 사람들의 관심을 끌어내는 것 같아. 내가 글로벌 리더십 행사로 유명한 메이커스컨퍼런스에 초대를 받았을 때였어. 별안간 벤처 투자가인 앤 미우라 고 씨가 나를 무대로 부르더니, 내 연구에 자금을 투자하겠다고 말하는 거야. 놀랍게도 피메일퀴션트라는, 일하는 여성들의 커뮤니티를 제공하는 회사의 창업자가 내 아이디어에 관심을 보였다고 했어. 그 투자 덕분에 나는 특허 신청을 하고 자료를 구하고 연구를 계속할 수 있었어. 그리고 마침내 몇몇 기업에서 상품화 제안까지 받을 수 있었지.

솔직히 다른 사람에게 지원을 받아 개발을 이어 가는 것이 마냥 속 편하지만은 않아. 하지만 어쩔 수 없어. 테스트를 할 때마다 500달러의 비용이 들고, 필요한 재료가 특정 연구소에만 있다면 어떻게 도움을 받지 않을 수 있겠어?

해결 방안을 현실화할 생각이 있다면 이제부터라도 자금 조달 방법을 고민해 봐. 생각보다 많은 기업들이 학생들에게 학자금이나 연구 비용을 지원해. 스타트업 지원 사업에 아이디어를 제출해서 가능성을 검증받는 것도 나쁘지 않아. 요즘은 각 지자체마다 그런 사업을 추진하고 있거든. 아직 나도 성공해 보지는 못했지만, 다양한 방법을 이용해서 카인들리를 더 많은 곳에 소개하고 투자를 받기 위해 애쓰는 중이야.

타인과 협업하기

협업, 팀 작업은 무척 효과적인 도구야. 대회에 나가서 다수의 아이디어를 겨룰 때 특히 그래. 개인적으로 나는 팀 작업을 좋아해. 그렇지만 시간, 상황 등의 문제로 내가 일하는 속도나 방법이 다른 사람들 마음에 들지 않을 때도 있어. 그래서 내 프로젝트를 작업할 때에는, 이런저런 사정을 모두 고려해서 혼자 진행할지 팀에 합류할지 신중하게 결정하려고 해. 내 여건에 맞추어 일해야 집중하기가 쉬워지거든.

요즘 나는 기존의 팀 작업 방식을 바꾸려고 노력하고 있어. 다른 사람과 효과적으로 작업하고, 팀을 잘 이끌어서 업무와 일정을 골고루 배분하고, 궁극적으로 우리 모두가 맡은 바를 잘 해낼 수 있는 방안을 만들고 싶어.

사실 '모두'는 뜨거운 감자 같은 단어야. 열심히 해서 빨리 일을 마무리하려는 사람이 대개 그렇듯, 혁신에 별 관심이 없는 사람들과 일하기란 쉽지 않은 노릇이야. 따라오지 않으면 내가 따라가야 하니까 감정 소모도 클 수밖에 없지. 팀을 유지하려면 잔소리도 해야 하니까. 그러나 지금껏 나 자신을 다독여 온 말이 있어. 일단 팀에 들어가면, 팀을 유지하고 공동의 목표를 추구할 책임이 있다는 거야. 열심히 노력하고 자기 몫을 분명히 처리해야 하지만, 동시에 팀원들과의 속도를 맞출 줄도 알아야 해.

나는 언제나 협업의 도움을 톡톡히 받았어. 여러 사람들과 생각을 공유하면서 내 좁은 시야가 넓어졌거든. 아래에 협업의 장단점을 정리해서 목록으로 만들어 보았어. 단점의 경우 융통성을 최대한 발휘해서 선택의 가능성을 열어 두었어. 이 목록이 독자들에게 많은 도움이 되면 좋겠어.

▶ **협업의 장점**
• 다각적인 관점을 통해 다양하고 창의적인 아이디어 도출
• 각 단계마다 의견 교환
• 분업을 통해 부담 완화
• 성과에 대한 기대감
• 동기부여, 흥미 유발
• 팀원에게 피해를 주지 않기 위한 책임감

▶ 협업의 단점

협업의 함정	해결 방법
모두의 아이디어를 고려하기 어려움	클라우드 기반의 공유 문서를 개설, 모두의 관점을 절충하여 아이디어를 조정한다.
일의 속도와 기대가 각자 다름	팀 계약서를 작성해서 업무 약속을 한다. 또는 단합 대회 같은 활동을 통해 서로에 대한 신뢰를 쌓는다.
잦은 일정 지연	구글드라이브 같은 공유 폴더를 통해 목표 일정을 정한다. 지키지 못할 경우를 대비해 비상 절차를 만들어 둔다. 목표를 완수했을 때 보상하는 제도를 만드는 것도 좋다(예시 : 다음 주 화요일까지 목표 1을 완수하면 방 탈출 카페에 가기).
개인 일정 때문에 함께 모여서 일하기 어려움	모두 가능한 모임 시간을 논의해 공지한다. 참여하지 못할 경우 회의록과 할당된 업무를 받는다.
임무를 완수하지 못한 경우 대책 논의 필요	공개 토론을 열어 상대 입장을 이해하려 노력하고, 후속 대책을 마련한다. 그래도 소용이 없으면 제3의 멤버를 불러 객관적으로 동료의 실적을 평가하는 방향을 고려한다. 모두 실패하지 않으려면 누구의 기여도가 크고 작은지 모두가 정확히 알 필요가 있다.

다양한 재능을 가진 사람들과 협업할 때 문제 해결은 더 쉬워져. 대회 입상을 노리는 경우 혼자가 나을 수도 있지만, 혁신을 하고 싶다면 다른 사람들과의 협조가 꼭 필요해.

팀원 정하기

이제 팀원을 잘 구성하는 요령에 대해서 이야기할게. 친구 셋 중에 한 명을 선택한다고 가정해보자. 편의상 애비, 존, 벨라라고 이름을 정했는데 다들 개성이 달라.

과제는 딱 질색이야. 그래도 팀 작업을 하면 일이 줄어서 좋아. 각자 할 일을 정해서 알려 줘. 정 안 되면 하는 척이라도 할게. 열심히 일한 것처럼 보일 자신은 있어.

프로젝트에 정말로 도움이 되고 싶은데 시간이 별로 없어. 일이 생각보다 많으면 중간에 포기할 수도 있어. 그래도 나한테 필요한 프로젝트니까 최소한의 일은 할게.

벨라

나는 팀 리더를 주로 맡아. 그런데 시키지 않으면 아무도 움직이지 않아. 그럴 때는 맥이 빠지지만, 다그치기도 좀 그래서 그냥 혼자 일하고 모두의 이름으로 제출해.

애비는 전혀 일하고 싶지 않은 것 같아. 존은 좋아서 시작했지만 딱 거기까지이고. 벨라는 지배적인 성향으로 보여. 동료에게 기회를 주지 않고 자기주장대로 밀어붙일 것 같아. 나는 어떤 타입이냐고? 솔직히 어떤 아이디어, 어떤 단계이냐에 따라 애비이자 존이자 벨라였던 것 같아. 하지만 나중에 깨달았어. 팀으로 일하려면 팀에 필요한 사람이 되어야 한다는 걸. 자, 이번에는 밥의 이야기를 들어 보자.

밥

나는 배우는 것, 일하는 것 둘 다 좋아해. 가끔 의욕이 떨어져 일하기 싫어질 때도 있지만, 나 하기 나름이라고 다독이며 각오를 다지곤 해. 그리고 나는 멋진 리더가 되고 싶어. 그렇다고 대화를 다 주도할 생각은 없어. 팀원 각자의 의견을 귀담아 들을 거야. 사실 시간이 많지는 않지만 그래도 열심히 할게. 팀을 위기에 빠뜨릴 수는 없으니까. 기대에 미치지 못하면 명단에서 내 이름을 빼도 좋아. 팀원이 된 이상 시간을 내는 것도 내 책임이라고 생각해. 나는 모두에게 인정받는 팀원이 되고 싶어.

멋져, 밥! 내가 보기에 밥은 이상적인 팀원이 될 것 같아. 나도 밥 같은 팀원이 되고 싶어. 우리도 밥처럼 책임감 있는 팀원을 찾아보고, 스스로도 그런 팀원이 될 수 있도록 노력하자.

팀의 발달 단계

심리학자 브루스 터크먼은 팀의 발달 단계를 형성기, 혼돈기, 규범기, 성취기 4단계로 구분했어. 나는 팀 작업을 할 때 이 개념을 항상 떠올려. 세상이 그리 완벽하지만은 않다는 사실을 알려 주거든. 만약 팀으로 멋진 성과를 내고 싶다면 이 이론을 알고 있는 게 좋을 거야. 무척 현실적인 방법이고, 특히 토론을 할 때 도움이 돼. 이해하기 쉽도록 각 단계를 1인칭 관점에 빗대어 설명해 볼게.

▶ **형성기** : 모두와 만나서 반갑지만 뭘 어떻게 해야 할지 잘 모르겠어.

▶ **혼돈기** : 뭘 해야 할지는 알겠는데, 팀원들 아이디어가 그다지 쓸모 있을 것 같지는 않아.

▶ **규범기** : 오, 아이디어 몇 개를 합치면 될 것 같아. 각자의 역할도 나눌 수 있겠어!

▶ **성취기** : 이제 팀 목표를 정했어. 끝까지 함께 열심히 노력하자!

협업 과정엔 충돌이 있게 마련이야. 미리 맞춰 놓은 퍼즐이 아니고, 이제부터 맞춰 나가야 하기 때문이지. 퍼즐을 맞추는 동안 우리 각자가 중요한 역할을 수행해야 해.

지금까지 어떤 동료와 일하면 좋을지 알아보았어. 다음은 본격적으로 대회에 참여하기 위해 무엇을 준비해야 하는지 살펴보자.

3월

일	월	화	수	목	금	토
01	02	03	04	05 과학 동아리	06	07
08 엄마 생일!	09	10	11	12	13	14
15	16	17	18 과학기술 경진대회 마감일	19	20	21
22	23	24	25	26	27 최종 과제!!!	28
29	30	31				

대회 참여하기

대회 준비는 되도록 일찍 시작하는 게 좋아. 말은 쉬워도 어려운 일이지. 그렇지만 대회의 규칙을 빨리 파악하고 웹 사이트를 탐색하면 무척 유리해. 일찌감치 신청서를 내고 나서 질의응답을 읽고, 과거 우승한 프로젝트에 대해서도 찾아볼 수 있잖아. 사람들과 정보를 공유할 수도 있고. 대회 성격을 공부하면 다음 진행도 수월해져.

경험에 비추어 보면 참여 자체가 목적이 될 수는 없는 것 같아. 반드시 무언가를 배우겠다는 일념으로 참여해야 해. 도저히 감당할 수 없을 것처럼 보이더라도 목표를 크게 가지는 게 좋아. 우리의 가능성을 막는 것은 우리 자신뿐이라는 사실을 명심해.

자, 그럼 보고서에 어떤 내용을 적으면 좋을지 알아보자.

▶ 자기소개

▶ 어떤 문제를 해결하고자 하는가?

▶ 어떻게 영감을 얻었는가?

▶ 왜 그것이 현재 문제인가?(통계자료 제시)

▶ 현재 어떤 해결 방안이 존재하는가?

▶ 기존 해결 방안의 단점은?

▶ 새로운 해결 방안이 필요한 이유는?

▶ 어떤 아이디어가 있으며, 어떤 식으로 작동하는가?

▶ 지금까지의 성과는?

▶ 작업에 어려움은 없었는가?

▶ 미래에 어떤 일을 하고 싶은가?

▶ 상업화할 생각인가? 그 경우 사업 모델이 있는가?

▶ 작업에 대한 정보를 더 보여 줄 수 있는 경로가 있는가?

▶ 팀원들, 멘토 등에게 감사 인사

▶ 참고 자료

길기는 해도 아이디어 개발을 위해 뭐가 필요한지 한눈에 알 수 있을 거야. 우리는 이제 어느 대회에 제출해도 완벽한 신청서 양식을 확보한 셈이야. 나도 이 내용을 자기소개서에 응용했어. 여기 그대로 옮겨 볼게.

▶ **자기소개** : 제 이름은 기탄잘리 라오입니다. 혁신을 좋아하고, 과학과 기술을 통해 세상의 문제를 해결하고 싶습니다.

▶ **문제** : 사이버 폭력은 전 세계 10대들을 괴롭히는 문제입니다.

▶ **영감** : 저 역시 전학을 여러 번 다녔기에 사이버 폭력은 언제나 제게 두려움을 주었습니다.

▶ **통계자료** : 18세 이하 어린이 청소년 중 5분의 1이 학창 시절에 사이버 폭력을 겪는다고 합니다.

▶ **기존 해결 방안의 한계** : 기존 해결 방안은 고정된 어휘를 사용하고 즉각적인 징계에만 초점을 두고 있습니다.

- ▶ **새 해결 방안의 필요성** : 징계보다는 적응을 우선시하는 해결 방안이 필요합니다.

- ▶ **프로젝트 내용** : 카인들리는 사이버 폭력 예방 방식을 획기적으로 바꿉니다. 최첨단 인공지능을 채택해, 전 세계 학생들이 안전하게 학교에 다닐 수 있도록 도와줍니다. 가해자에게도 징계보다는 다시 생각할 기회를 제공합니다. 카인들리는 앱, 구글 크롬 같은 다양한 플랫폼에서 사용이 가능합니다.

- ▶ **성과** : 프런트 엔드★ 구성을 마치고 5월 2일에 공식 오픈했습니다.

- ▶ **어려움** : 기계 학습은 처음이라 서비스를 구축하기가 쉽지 않았습니다.

- ▶ **미래 계획** : 카인들리를 지역 학교에 적용하고 또 다른 학습 관리 시스템으로도 활용하고 싶습니다.

- ▶ **더 하고 싶은 이야기** : kindly.godaddysites.com에 가면 카인들리에 대해 자세히 살펴볼 수 있습니다.

★ 프런트 엔드 : 사용자 인터페이스 작업 및 로직 구성 등을 일컫는다.

자, 이제 우리에게는 뼈대가 생겼어. 양식을 만들고 어디에 가서 얼마나 많은 일을 해야 할지 찾아보자. 잘 풀리지 않으면 멘토나 선생님한테 도움을 청하기로 하고.

2019년 과학기술경진대회에 응모했을 때 나는 결과물이 하나도 없었어. 마약성 진통제 수용체, 효모균 같은 자원을 마련하지 못한 탓이야. 그래서 실험 계획을 변경했지. 멘토인 맥머레이 박사님 도움으로 다른 효모균으로 실험해 결론을 도출하고, 다른 연구소에서 필요한 자원을 확보했어. 모든 것을 완벽하게 갖추지 않아도 돼. 조금은 부족해도 상관없어. 대안을 찾으면 되니까.

팁

대회에 출전할 때 내가 하고 싶은 일이 무엇인지 분명하게 보여 줄 필요가 있어. 보고서, 에세이, 영상 등 어떤 매체를 사용할지는 크게 상관없어. 전에 이야기했듯이 창의적으로 접근하는 것이 더 중요해. 한번은 온도 기록법을 기반으로 뱀에 물린 증상을 진단하는 해결 방안에 대해 설명하는 영상을 찍고 있을 때였어. 영상 마지막 즈음에 우연히 진짜 뱀이 나왔지 뭐야? 정말 기막힌 경험이었어!

마지막 스퍼트

작업을 마무리하면서 지금까지 대회의 규칙을 잘 지켰는지도 꼭 확인하자. 대회에 질의응답 시간이 있다면 빈틈없이 준비해야 해. 자기 성취물에 자신이 없으면 다른 사람도 설득할 수 없어. 멘토, 전문가, 부모님에게 최종 작업물에 대한 피드백을 듣는 것도 잊지 마.

팁

나는 다른 사람에게 피드백을 부탁하는 게 정말 어려웠어. 내 작업에서 미흡한 점이 자꾸 눈에 밟혔거든. 마감일이 다가올수록 초조함도 커져 갔지. 하지만 피드백을 통해 내 작업이 향상된 것을 확인한 뒤로는 그런 생각을 떨치게 되었어. 여러분도 피드백을 자신 있게 받았으면 좋겠어.

대회에 참여하기 위해 정말 많은 시간과 노력을 들여 아이디어와 형식을 고민했을 거야. 그동안 성취한 것을 아깝게 낭비하면 안 되겠지. 잘 정리해서 보관하고, 웹 사이트를 구축해서 자신만의 아이디어를 세상에 알리면 좋을 거야. 하지만 여기에서 끝나면 안 돼. 다음 대회 일정을 확인하고, 더 향상된 제품을 제출하기 위한 고민을 해 보자. 가능하다면 지금 당장 그 과정을 시작해 봐. 그럼 머지않아 더 발전한 결과물을 얻게 될 테니까.

진행 중인 작업을 학교, 외부 클럽활동과 연결시키는 것도 좋은 기회가 될 수 있어. 경제 경영 수업이나 토론 클럽에서 마케팅 계획을 마련하고, 창업 관련한 활동을 하고 있다면 사업 모델을 기획해도 좋을 거야. 연설, 토론 클럽에 나가도 좋지만 소속 클럽이 없어도 걱정할 필요는 없어. 국어 선생님의 지도를 받으며 프로젝트에 관한 글을 써도 좋고, 과학 시간에 발표를 해도 좋겠지. 그래도 불안하다면, 아예 아이디어 구축을 위한 동아리를 하나 만들어 보는 건 어때?

언제 어디서든 자신의 작업을 향상시키기 위해 고민해야 해. 내가 생각한 문제를 사람들이 인지할 수 있게끔 만드는 것도 중요해. 경쟁을 거칠수록 프로젝트의 품질, 수정 기술, 시간 안배 능력, 설계 실력이 발전할 거야. 대회에서는 이길 수도 질 수도 있지만, 참가하지 않으면 기회조차 얻지 못해. 우리가 두려워하는 이유는, 실패하거나 경쟁에서 패배할 때 어떤 기분인지 잘 알기 때문이야. 지금까지의 노력이 물거품이 되는데 어떻게 즐거울 수 있겠어? 그래도 위험을 감수하지 않으면 발전도 없어. 언젠가 반드시 노력이 인정받는 날이 올 거야. 그 기분이 얼마나 놀랍고 신기한 것인지 꼭 느껴 봤으면 해. 그러니 이제부터 참가하고 싶은 대회의 목록을 적어 보자.

시간 관리

시간 관리를 어떻게 하느냐는 질문을 자주 받아. 학교 과제도 많을 텐데 혁신 활동에 쓸 시간을 어떻게 마련하느냐는 거지. 물론 어려운 일이기는 하지만 시간 관리도 계속하다 보면 늘어.

예전에는 계획표를 만들어서 생활했는데 고등학교에 들어가니까 학업 때문에 매일매일 일정이 바뀌었어. 그래서 나는 주로 금요일 방과 후부터 주말에 몰아서 작업을 해. 우리 학교는 팬데믹 이전부터 금요일에 원격 수업을 할 수 있었기 때문에 주로 그때 미뤄 둔 일들을 처리해. 중학교 때는 여행을 많이 다녀서 결석도 잦았어. 수질 문제를 사람들에게 알리는 작업도 비행기 안에서 했지. 이 모든 건 학교에 체험학습 허락을 구했기 때문에 가능했어. 4학년 스템 스카우트 수업 땐 선생님께 말씀드려 15분 일찍 교실을 나설 수 있었어. 마지막 15분은 자율 활동과 책가방 싸는 시간이기에 가능했지. 우선순위를 정확히 하면, 시간을 안배하거나 선생님들을 설득하는 것도 쉬워져. 나 스스로 어떤 일을 하고 또 왜 하려는지 목표가 뚜렷하다면 학교에서도 시간을 내줄 거야.

　시간 관리에 있어서 내 원칙은 하나야. 무엇이든 전념하기. 일단 어떤 대상, 어떤 사람에게 집중하기로 마음을 먹으면 최대한 유지하려고 해. 물론 쉽지는 않아. 90퍼센트의 시간은 괜찮은데, 늘 나머지 10퍼센트의 시간이 문제야. 불현듯 다른 일이 끼어들면 집중도가 흩어지고 말거든. 그래서 시간을 효율적으로 쓰려고 노력해. 예를 들어 피아노 곡 하나를 집중해서 연습하고 싶을 땐 선생님께 미리 2주 정도의 시간을 달라고 양해를 구해 놔. 그러면 연습에 집중하고 남은 시간도 제대로 활용할 수 있지. 늘 완벽하지는 못해도, 나는 매일 배우고 성장하고 있어.

이것 외에도 내가 할 수 없는 일이거나, 목표에 어긋날 경우 과감하게 하지 않는 법 역시 연습하고 있어. 나는 호기심이 아주 많아서 학교 동아리 몇 군데에 가입하고 싶었어. 특히 동급생이 개설한 과학 동아리에 들고 싶은 마음이 굴뚝같았지. 나랑 마음이 잘 통하는 친구였거든. 하지만 나는 혁신 활동 때문에 동아리 활동을 할 시간이 많지 않았어. 그래서 고민 끝에 가입하지 않는 쪽을 택했어. 대신 시간이 되는 대로 그 동아리를 도와주기로 마음먹었지. 이를테면 담당 선생님께 부탁드려서 내가 과학기술경진대회에 자주 나가면서 얻은 경험과 정보 같은 것들을 친구들과 공유하는 거야. 대회를 찾는 법부터 팸플릿이나 마감을 준비하는 법 등등. 동아리에서는 정보를 얻을 수 있고, 나도 동료로 남을 수 있으니 서로에게 좋은 일이지.

매년 여름마다 나는 1년치 계획을 세우고 우선순위 목록을 만들어. 그리고 최대한 그대로 따르려고 노력하지. 동생과 나는 생일에 꼭 짧은 글을 쓰곤 하는데, 주제는 '한 해 동안 시간을 어떻게 썼지?' 그리고 '한 해 동안 부끄러운 일은 없었나?'야. 여섯 살 때 『할아버지의 금시계』라는 책을 읽었는데 주인공도 비슷한 수필을 썼더라고. 최근에서야 이런 질문이 얼마나 귀중한지 깨달았어. 답을 글로 쓰면서 내가 해 온 일들을 되새기고, 앞으로 무엇을 계속할 수 있을지 곰곰이 생각하게 되었거든.

앞으로 어떤 날은 밤늦도록 일하고 또 어떤 날은 느긋하게 휴식을 취할 거야. 꾸물대는 날도 있고 하루 종일 계획을 짜며 정리를 하는 날도 있겠지. 누구든 시간 관리를 완벽하게 할 수는 없을 거야. 그래도 원칙을 마련하고 그것을 지키기 위해 꾸준히 노력할 필요는 있어. 고된 노동, 노력, 정직, 이타심…… 원칙은 사람에 따라 다르겠지. 어떤 선택을 하든, 일관되게 추구한다면 시간 관리 기술도 저절로 좋아질 거야. 지금쯤 모두 자신의 우선순위가 무엇이고, 어떤 일에 집중해야 하는지 알게 되었으리라 믿어.

글을 마치며

지금까지 내가 혁신 활동을 하면서 겪은 지식, 경험 등을 정리했어. 관심 있는 것도 많고, 하고 싶은 이야기도 너무 많아서 책 한 권에 담아내기가 쉽지 않았지 뭐야.

우리가 함께 지나 왔던 혁신 과정을 요약해 볼게.

1단계	2단계	3단계	4단계	5단계
관찰	브레인 스토밍	조사	제작	소통

이 과정을 똑같이 따라 할 필요는 없어. 앞에서 이 책은 참고 사항에 불과하니, 각자의 상황에 맞게 과정을 바꿔도 좋다고 한 말을 기억해? 브레인스토밍 시간을 늘려도 좋고, 관찰 방식을 달리해도 상관없어. 단계 순서를 바꾸면 더 편할 수도 있고. 과정을 바꾸고 싶다면 언제든지 공책에 적은 다음 실행하면 돼.

잠시 책의 앞쪽으로 돌아가 볼까? 처음 이루고 싶다고 생각한 최종 목표는 뭐였어? 혁신 활동을 시작했다면 그것을 이루기 위해 어떤 노력을 했을지 무척 궁금해. 물론 혁신의 시간은 각자 다 다를 거야. 자신에게 적합한 시간을 찾아내는 것은 각자의 몫이야. 이 책은 나뿐만 아니라 책을 읽는 독자들의 과정이자, 모두의 과제이기도 해.

계속 말하지만 우리가 사는 세상에는 늘 새로운 문제들이 발생해. 누군가 이 책을 읽고 있다면, 분명 아이디어를 고안하는 것에 흥미가 있다는 뜻일 거야. 그 관심이 우리를 혁신으로 이끌 거야. 꿈을 크게 꾸고, 창의적으로 사고하고, 아무도 하지 않은 일을 찾아내야 해. 자신의 내면에 있는 불꽃을 끌어내 봐. 의지만 있다면 못 할 일은 아무것도 없어.

물론 아이디어를 내놓는 것만으로 혁신이 끝나지는 않아. 언제나 다른 단계로 이어지지. 이 이야기가 끝나면 다음 이야기가 등장하는 식으로 말이야. 해결해야 할 문제는 어디에나 존재하고, 아이디어도 끊임없이 나올 거야. 때로는 휴식도 필요하겠지만 우리는 틀림없이 혁신 모험으로 되돌아갈 거야. 나는 그렇게 믿어. 우리의 노력 하나하나, 손수 이룬 혁신 하나하나가 우리를 더 많은 기회로 이끌어 줄 거야.

혁신 과정에 늘 좋은 결과가 있는 건 아닐 테지. 아이디어 공유가 마음처럼 쉽게 이루어지지도 않을 거야. 그러나 혁신은 경쟁을 위한 도구가 아니고, 대회 입상이 목표가 되어서도 안 돼. 우리는 공감을 바탕으로 타인을 돕고, 능력을 계속 키워 나가야 해. 하나의 혁신이 하나의 도시를 구하기도 하지만, 지금의 세상은 수천의 혁신이 모여서 만들어 낸 거야. 늘 명심해야 할 사실이지. 우리가 함께 노력하는 한, 내일의 세상은 오늘보다 나은 모습이 될 거야.

차이를 만들고, 모험을 두려워하지 마. 자신을 믿어. 끊임없이 혁신하고 끊임없이 아이디어를 고민해야 해. 이 책은 기본 요리법에 불과해. 혁신 아이디어를 기막힌 요리로 만들거나, 달콤한 빵으로 구워 내는 것은 오로지 나 자신에게 달려 있어.

마지막으로 내가 제일 사랑하는 과학자, 마리 퀴리의 명언을 하나 적어 볼게.

"세상에 두려워할 것은 없다. 이해해야 할 것만 있을 뿐이다. 지금이야말로 더 많은 것을 이해해야 한다. 그렇게 두려움을 없애야 한다."

모두의 여행에 언제나 행운이 함께하기를.

강의 계획서

1. 강의 계획 목표를 찬찬히 살핀다.

2. 학생들과 작업 일지를 작성하며 의견을 나눈다.

3. 자료 조사를 위해 인터넷 접속이 가능한 환경을 갖춘다.

4. 학생들은 개인 또는 그룹으로 참여할 수 있다.

1단계 - 관찰 강의 계획

제한시간 : 60분

목표 : 학생들에게 세상을 변화시킬 수 있다는 신념을 불어넣는다. 주변에서 해결하고 싶은 문제를 찾아본다.

1. 고취 : 젊은 혁신가들을 학생들에게 소개하여 분위기를 돋운다.

예시) ▶ 기탄잘리 라오의 구글 강연   ▶ 젊은 혁신가 7인의 기사

2. 참여 : 토론을 하면서 환경문제, 공동체 문제, 기술 문제 등 학생들이 잘 알고 있거나 관심이 많은 주제들을 찾아본다.

3. 몰입 : 학생들이 찾은 주제 중에서 하나를 선택한다. 학생 대다수가 중요하다고 여기는 주제가 좋다. 토론을 거쳐 작업 일지에 개인 또는 그룹별로 어골도를 그리게 한다. 어골도를 통해 가장 일반적인 원인들을 파악한다. 더 나아가 범주를 나누고 싶다면 4스퀘어를 작성해서 질문에 답하게 한다. 그렇게 함으로써 학생들은 자신이 어떤 문제를 해결하고 싶어 하는지 명확히 깨닫게 된다.

평가 : 각 개인, 그룹이 해결하고자 하는 문제를 찾아냈는가? 어골도를 작성하면서 문제에 대해서 제대로 이해했는가? 문제가 방대하면 해결도 어렵다는 사실을 이해했는가? 문제를 세분화해서 집중하는 방법을 깨달았는가? 4스퀘어 방식을 활용해 문제들을 분류하고 그중에서 적절한 주제를 선택했는가?

2단계 – 브레인스토밍 강의 계획

제한시간 : 60분

목표 : 브레인스토밍의 목표를 설명하고, 아이디어를 성공적으로 도출하기 위해 어떤 단계를 거쳐야 하는지 알려 준다.

1. 고취 : 다음 영상을 학생들에게 보여 준다.

▶ **아이디어 메이커, 뤼크 드 브라방데르의 테드 강연**

시청을 하면서 마음에 든 표현이나 재미있는 단어 등을 기록하게 한다. 그리고 시청이 끝나면 잠시 생각할 시간을 준 뒤 인상적이었던 장면을 서로 공유하게 한다.

2. 참여 : 사전 조사를 어떻게 할지 설명한 다음, '어떻게 하면 교실 분위기를 재미있게 만들 수 있을까? 의자를 편하게 만들려면 어떻게 할까? 시험 커닝을 효과적으로 줄이는 방법이 있을까?' 같은 주제를 던지고, 문제의 해결 방안을 브레인스토밍 하도록 시킨다. 최대한 빨리 진행시키되, 아이디어가 많을수록 좋다는 사실을 강조한다.

3. 몰입 : 학생들이 임무를 완수하고 나면, 친화도법으로 이끌어 집중하고자 하는 범주를 선택하게 한다. 친화도를 작성하다 보면 어떤 매체를 활용해서 탐구를 하면 좋을지 미리 알 수 있다.

평가 : 각 개인, 팀이 해당 아이디어와 주제를 분명하게 이해했는가? 브레인스토밍이 '질보다 양'이라는 개념을 이해했는가? 친화도법을 성공적으로 작성하고 분석했는가? 다양한 해결 방안을 범주화하는 방법과 요령을 제대로 이해했는가? 조사 단계에 돌입할 준비가 되었는가?

3단계 - 조사 강의 계획

제한시간 : 60분

목표 : 조사의 기본 요건을 알려 준다. 동료들과 논의한 뒤 탐구 일정표를 작성하게 한다.

1. 고취 : 학생들에게 관심 있는 주제를 선택하게 한다. 인물, 물건, 활동, 어느 것이든 상관없다. 2분간 시간을 주어, 선정 주제에 대해 재빨리 탐색하게 한다.

2. 참여 : 학생들에게 다음같이 질문을 제시하며 토론하도록 시킨다. 조사 결과가 마음에 들었는가? 만약 그렇지 않다면 그 이유는 무엇인가? 어떻게 하면 조사를 재미있게 할 수 있겠는가? 토론이 끝나면 행렬 활용법에 대해 간단하게 설명한다.

3. 몰입 : 가장 먼저 무엇을 활용하여 조사할 것인지 적은 다음, 선택한 주제에 대해 아는 대로 적게 한다. 학생들이 행렬을 어려워한다면 다시 연습한다. 멘토 개념을 설명하고 왜 중요한지 이야기한 뒤, 전문가나 멘토에게 이메일 초안을 쓰게 한다. 지금 당장 멘토를 구하지 않는다 해도 미래를 위해 연습이 필요하다는 점을 분명히 한다. 이메일 작성에도 도움이 필요할 수 있다. 마지막으로 탐구 일정표를 완성하고, 학생들이 아이디어를 더 발전시키는 방향에 대해 고민할 수 있도록 시간을 준다.

평가 : 학생들이 흥미롭게 조사 과정에 참여했는가? 조사 방법이 다양하며 그로부터 얻는 결과물도 서로 다르다는 사실을 이해했는가? 행렬 활용 방법을 제대로 숙지했는가? 멘토의 가치를 이해했는가? 프로젝트 일정에 대한 기본 개념을 알고 있는가?

4단계 - 제작 강의 계획

제한시간 : 60분

목표 : 프로토타입을 제작하기 전 기본 개념을 복습하게 한다. 신기술 활용의 필요성과 재도전의 가치를 이해하게 한다.

1. 고취 : 학생, 팀 각자에게 종이 두 장과 연필을 나눠 주고 자신이 고

안한 해결 방안을 주어진 도구만으로 표현하게 한다. 고정관념에서 벗어나기 위한 방법이다.

2. 참여 : 무언가를 현실화한다는 의미, 사용 가능한 기술에 대해 간략하게 설명한다. 나노 기술, 유전공학, 인공지능 같은 개념을 소개하고, 메모나 그림을 그리게 한다. 또한 워터 슬라이드의 예를 보여 주며 특징과 기능에 대해서 알려 준다.

3. 몰입 : 프로토타입 제작을 위해 스케치 두 개를 그리게 한다. 이해만 되면 충분하므로, 애써 멋있게 그릴 필요가 없다는 점을 강조한다. 실제 제작에 어떤 자원을 활용할지 결정한다. 교실에 있는 물건을 써도 좋고, 원한다면 집에서 장비를 가져와도 좋다. 제작하려는 프로토타입의 특징과 기능을 다섯 가지씩 적어 본다. 마지막으로, 그 개념을 왜 도입했는지 설명해 본다. 그럼으로써 어떤 점을 개선할지 파악할 수 있다.

평가 : 해결 방안 제작에 다양한 기술을 사용했는가? 초안을 만들기 위해 무엇이 필요한지 알고 있는가? 해결 방안의 특징과 기능을 설명할 수 있는가? 혁신 과정에서 실패가 자연스러운 단계라는 사실을 이해했는가? 프로토타입 초안을 직접 만들 준비가 되었는가? 작업 내용을 동료들과 공유했는가?

5단계 – 소통 강의 계획

제한시간 : 60분

목표 : 학생들이 아이디어를 공유하도록 유도하고, 관련 문제에 대해서 인식을 널리 퍼뜨리는 것이 왜 중요한지 깨닫게 한다.

1. 고취 : 교사가 '제일 좋아하는 동물'에 대해서 짧게 발표를 하고 학생들에게 심사를 맡긴다. 발표의 어느 부분이 좋았으며 어떤 점을 개선하면 좋을지 이야기해 본다. 시간 여유가 있다면 두세 개의 시나리오를 더 연습하되 서로 방식을 달리한다. 예를 들어 발표를 하면서 목소리를 낮추거나 의도적으로 학생들의 시선을 피해 본다.

2. 참여 : S-P-E-A-K 과정을 설명하고 항목을 하나하나 연습하게 한다. 급우 전체, 팀, 개인 등 형식은 상관없다.

3. 몰입 : S-P-E-A-K 과정을 연습하면서 제일 마음에 들었던 부분, 잘했던 부분, 더 잘할 수 있는 부분을 적어 본다. 해결 방안에 관해 설명하는 영상을 60초 분량으로 촬영한 뒤 서로 공유한다. 동영상은 휴대폰이나 카메라로 녹화하면 되지만, 제작이 여의치 않다면 연설로 대체해도 상관없다. 60초 계획을 짜고 촬영하는 데 보통 15~20분이 필요하다. 완성한 영상과 연설문은 제출하게 한다. 마지막으로 전체 혁신 과

정의 감상을 짧게 세 단어로 적어 보게 한다.

평가 : S-P-E-A-K를 부담스럽지 않게 받아들이고 동료들 앞에서 자연스럽게 발표했는가? 주제를 영상으로 공유한다는 개념을 이해했는가? 혁신 과정 전체에 걸쳐 자신 있게, 긍정적으로 접근했는가? 자신의 약점을 알고 어느 지점을 강화할지 파악했는가?

감사의 글

이 책을 쓰는 내내 어려움을 느꼈지만 보람도 컸습니다. 제가 힘겨워할 때마다 끊임없이 지지해 주시고, 격려해 주신 분들이 없었다면 여기까지 오지 못했을 거예요. 제가 마음껏 상상하고 탐구하고 모험할 수 있도록 허락해 주신 하이랜드랜치스템학교 선생님들, 감사합니다.

멘토님들께도 고마움을 전하고 싶습니다. 캐서린 섀퍼 박사님, 셀레네 에르난데즈-리즈 박사님, 제니퍼 스톡데일 선생님, 르네 라티 선생님, 마이클 맥머레이 박사님, 저를 끝까지 믿고 이끌어 주셔서 감사합니다.

지난 몇 년간 여러 기관에서 제게 투자를 해 주시고, 우리 사회를 함께 변화시키자는 열정을 공유해 주셨어요. 그분들이 제공한 기회 덕분에 문제의 심각성을 대중들에게 널리 알리고 해결책을 모색할 수 있었습니다. 개인적으로 깨달은 바도 참 많았어요. 꿈을 꾸는 것만으로는 부족하고, 공동체의 요구에 부응하는 실용적인 해법을 제시할 필요가 있다는 사실을 알게 되었지요. 지난 몇 년간 함께 일하게 해 준 기관들, 특히 피메일쿼션트, 구글, 마이크로소프트, AT&T, 제이콥스, 아르테미데, 합스브로에 감사드립니다.

칠드런스카인드니스 네트워크와 창립자인 테드 드라이어 박사님께도 고마움을 전합니다. 그분들은 세상에 친절함을 전파하는 움직임에 저를 참여하게 해 주셨어요. 여타 기관들의 테드 강연도 도움이 컸어요. 덕분에 혁신과 친절의 메시지를 전 세계와 공유할 수 있었습니다.

스템 홍보 개발팀의 디애나 브롤린과 케이틀린 엘리엇 님, 소중한 의견을 제공해 주신 덕분에 학생들이 혁신 과정을 쉽게 이해하고 받아들일 수 있었던 것 같습니다.

저를 끝까지 지원하고 지지해 주신 부모님, 조부모님, 동생에게도 감사합니다. 제 혁신 여행 내내 함께해 주셔서 정말 고마워요.

마지막으로 파르디스 사베티 박사님, 신디 모스 박사님, 타라 츠클로프스키 선생님, 칼리 클로스 선생님께 고마움을 전합니다. 그분들의 지지 덕분에 이 책이 세상에 나올 수 있었습니다.

기탄짤리,
나는 이기고 싶어

초판 1쇄 펴낸날 2021년 5월 6일
초판 2쇄 펴낸날 2021년 7월 30일

지은이 기탄짤리 라오
옮긴이 조영학

펴낸이 한성봉
편집 이은지
마케팅 박신용 오주형 박민지 강은혜
경영지원 국지연 강지선
펴낸곳 동아시아사이언스
등록 2020년 2월 7일 제2020-000028호
주소 서울시 중구 퇴계로30길 15-8 [필동1가 26]
전자우편 easkids@daum.net
전화 02) 757-9724,5
팩스 02) 757-9726
ISBN 979-11-91644-00-5 43400

만든 사람들
편집 이은지, 조윤지
크로스교열 안상준
일러스트 권영은